TRAITÉ COMPLET

SUR LA FABRICATION

DES ÉTOFFES DE SOIE.

AVIS.

Lyon. — Imprimerie de Louis Perrin, rue d'Amboise, 6.

TRAITÉ COMPLET

SUR LA

FABRICATION

DES

ÉTOFFES DE SOIE

Analysée degrés par degrés dans toutes les phases où la soie a passé depuis son origine jusqu'à son entière exécution en étoffe fabriquée; suivi d'un grand nombre de tableaux pour mettre les soies à la teinture et faire les prix de revient dans tous les titres, dans tous les comptes et dans toutes les teintures connues,

Par Christophe-Élie GANTILLON

Auteur des Gobelins de Lyon, brochés sur fond satin soie pour meubles et tentures, pouvant transformer le même sujet-dessin depuis 3 mètres jusqu'à 24 mètres carrés, représentant, dans la plus grande perfection de tissage, des paysages, des sujets d'histoire, des arabesques, des fleurs naturelles, etc., etc.

Nulle nature ne produit son fruit sans extresme travail, voire douleur.

Bernard Palissy.

PARIS	LYON
LACROIX et BAUDRY, Editeurs	Marius CONCHON, Editeur
Quai Malaquais, 15.	Rue Impériale, 15.

1859.

INTRODUCTION.

Le Traité que je présente est un ouvrage utile et d'une grande importance pour celui qui a voué sa vie active à l'étude intéressante de la fabrication des étoffes de soie. Ce livre est le premier qui explique la science secrète du tissage, que le manufacturier intelligent doit connaître, non au hasard, mais par principe, pour la composition et la fabrication d'un tissu quelconque.

Cet ouvrage analyse, de degrés en degrés, toutes les phases de la manipulation par lesquelles la soie doit passer pour pouvoir être employée à la fabrication d'une étoffe ; il prend à l'Origine de la soie et suit, de description en description, jusqu'à son entière exécution en étoffe fabriquée.

De l'Origine de la soie jusqu'à l'épreuve de la Condition des soies, les descriptions ne sont que des abrégés pour mémoire, pour marquer les phases où la soie a passé avant que d'entrer dans les magasins d'une manufacture. Du Mettage en mains à l'Etoffe fabriquée, les descriptions ont été détaillées avec précision dans toutes les manipulations que la soie devait encore subir avant que d'être tissée.

Le sujet était aride à traiter, comme le sont toutes les descriptions mécaniques et industrielles ; pour être compris, j'ai cherché à être simple dans les expressions ; j'ai même des répétitions qui sont nécessaires pour expliquer brièvement et clairement toutes les opérations les unes après les autres, avec les règles à l'appui, ainsi que toutes les manipulations du travail, avec l'organisation et l'ordre intérieur et extérieur d'une manufacture.

Avant que cet ouvrage fût écrit, l'élève manufacturier, quand il sortait des écoles de pratique et de théorie, pour entrer dans une manufacture et y tenir le plus humble emploi, n'avait qu'une idée confuse de ce qu'il avait encore à acquérir en instruction industrielle pour la composition et la fabrication des étoffes de soie.

Par cet ouvrage pratique, le futur manufacturier sera instruit et initié sur toutes choses, il n'ignorera rien, et, lorsqu'il débutera dans une manufacture, il comprendra tout, sans avoir besoin de demander à ses collègues le pourquoi de chaque chose ; enfin, avec l'aide de son esprit intelligent et de l'expérience qu'il acquerra tous les jours, il arrivera certainement à pouvoir exécuter le bien fabriqué de toutes les étoffes qui composent cette grande et belle industrie. Jusqu'ici, la science du tissage ne pouvait être acquise au jeune manufacturier qu'après des essais malheureux ou par l'œuvre du temps.

C.-E. G.

TRAITÉ COMPLET

SUR

LA FABRICATION

DES

ÉTOFFES DE SOIE

NOTICE HISTORIQUE SUR L'ORIGINE DE LA SOIE

De toutes les conquêtes industrielles que l'Europe a faites sur les peuples de l'Asie, l'une des plus belles et des plus importantes est, sans doute, celle de la soie.

La Chine paraît avoir été le berceau des premières fabrications d'étoffes de soie; ce fut, dit **le père Duhalde** dans son histoire de la Chine, une des femmes de l'empereur **Wang-ti**, qui, vers l'an du monde 2210, ou 1790 ans **avant J.-C.**, à peu près à l'époque de la naissance **de Moïse**, trouva l'art de filer le cocon du ver-à-soie, qui vivait alors dans l'état sauvage sur les mûriers abandonnés aux seuls soins de la nature; elle en fit tisser des étoffes qui furent consacrées à l'ornement des pagodes et aux cérémonies religieuses; on s'occupa, dès-lors, de l'éducation domestique de l'insecte qui produit cette substance plus précieuse, dans ce temps-là, que l'or même; une fête de la récolte des feuilles des mûriers et de l'éclosion des œufs du ver-à-soie fut instituée, et elle était célébrée tous les ans par l'impératrice, comme celle du labourage l'était par l'empereur. Bientôt cette industrie s'étendit dans tout l'empire chinois, dans le Japon, le royaume de Tonquin, l'Inde, l'Indoustan et a Perse; mais elle resta longtemps bornée à ces seules contrées.

Des auteurs ont prétendu, sans aucune preuve satisfaisante, que ce fut **dans l'île de Cos** qu'on tissa les premières étoffes de soie, et ils attribuent l'honneur de cette invention à **Pamphylla,** fille d'un roi de cette île.

Le célèbre Paulet prétend, d'après la plupart des auteurs anciens, que les peuples **Sères,** en Tartarie, furent les premiers qui connurent la soie et l'art de la tisser ; elle fut appelée **Serica** du nom de ces peuples, 900 ans avant J.-C.; mais un autre auteur soutient que les Chinois connaissaient la soie plus de huit siècles avant les Sères, et que ce ne fut qu'au retour de l'expédition d'Alexandre-le-Grand dans l'Inde, que ses capitaines rapportèrent quelques ornements de ce genre.

Volpicius rapporte que l'empereur Aurélien, qui régnait l'an du monde 270 après J.-C., refusa d'acheter pour sa femme une tunique de soie par le prix énorme qu'on en demandait.

Des moines grecs, sous l'empire de Justinien, apportèrent de Chine des œufs de vers-à-soie à Constantinople, apprirent à élever ces vers et à employer le fil qu'ils produisent. Cette industrie se répandit dans la Grèce et dans ses îles ; les Sarrasins la transportèrent en Espagne, d'où elle s'étendit en Sicile sous Roger II, et dans diverses autres parties de l'Italie ; elle passa plus tard en France, où elle ne commença à prendre rang qu'à partir du règne de Henri IV.

J'arrête là cette notice, parce qu'il faudrait des volumes pour suivre le progrès que cette belle matière a fait depuis cette époque jusqu'à nos jours.

LA DIVISION DU TRAVAIL.

La vie de l'homme est trop limitée pour qu'il puisse étudier à fond et connaître toutes les manipulations de diverses industries qui se lient entre elles, comme l'intéressante industrie de la soie et celle de la fabrication en tissus, de tous les goûts et de tous les genres, créés par le brin de cette matière précieuse.

Le temps qui traîne avec lenteur le progrès à sa suite a fait reconnaître aux manufacturiers cette grande vérité, que l'homme ne peut pas tout embrasser et tout savoir; de là est née **la division du travail**, qui n'a pu se faire que quand l'industrie a commencé à prendre un grand développement; la nécessité de bien faire, stimulée par la concurrence, a été une des principales causes de la division du travail en spécialités particulières.

Le manufacturier intelligent, nonobstant cette grande loi de bon sens qui régit l'industrie, et dont je n'ai donné qu'une esquisse imparfaite, doit au moins connaître les principales manipulations que la soie doit subir avant d'arriver jusqu'à lui, pour qu'il puisse l'employer en différents tissus. C'est pour cette raison légitime que j'ai écrit cette petite description, depuis l'origine de la soie jusqu'à la dernière préparation, qui lui permet d'être employée par le tissage réservé au manufacturier.

LE MURIER.

Le mûrier blanc paraît originaire de la Chine; il fut introduit dans l'Asie-Mineure et en Grèce, sous le règne de Justinien; la culture s'en répandit dans la partie de la Grèce qui en a pris le nom de Morée, et s'étendit en Sicile sous le roi Roger.

Ce ne fut qu'en 1494, après la guerre de Charles VIII en Italie, qu'on apporta de la Péninsule en France le premier arbre de cette espèce, qui fut planté à Allan près de Montélimar; mais cet arbre précieux ne prit une extension très marquée qu'à partir du règne de Henri IV.

Il y a deux sortes de mûriers : le mûrier planté en plein vent, et le mûrier nain, planté dans les lieux abrités, afin que la feuille soit plus précoce et qu'elle soit arrivée pour la première nourriture des vers-à-soie.

Le mûrier doit être planté en automne; il commence à germer au printemps; alors on conserve 3 ou 4 branches que l'on greffe en bonnes qualités de feuilles; sans cette opération, les mûriers seraient des **sauvageons**, expression connue dans la culture du mûrier.

La feuille du mûrier se vend 10 francs les 100 kilogr.; il faut de 900 à 1,000 kilogr. de feuilles pour nourrir pendant les 4 mues une once de graines, quand elles sont transformées en vers-à-soie.

ÉCLOSION DES GRAINES.

Une once de graines produit en moyenne 30 à 40 kilogr. de cocons ; tout cela dépend entièrement de la température pendant les 40 jours de croissance et de travail ; si, par exemple, l'air atmosphérique est favorable au ver-à-soie, il rendra infiniment plus que si la température lui est défavorable ; le temps est tout pour le rendement du ver-à-soie. La science humaine n'a encore rien trouvé pour empêcher les vers-à-soie d'être lents dans leur travail, et même de tomber **en vache,** expression consacrée parmi les éducateurs pour indiquer le travail paresseux du ver-à-soie.

L'éclosion des graines est facultative, c'est-à-dire, que l'on peut l'avancer ou la reculer, selon la température présente. Avant l'éclosion, on tient les graines dans une température de 12 à 15 degrés centigrades. On prépare l'éclosion des graines en les mettant **couver,** c'est-à-dire, en les plaçant pendant 4 ou 5 jours **sous le matelas** (1) d'un lit habité ; quand les 5 jours sont expirés, on place les graines dans un cabinet ayant une température de vers-à-soie ; lorsque les graines commencent à changer de couleur, c'est une indication certaine que les vers ne tarderont pas à éclore.

VERS-A-SOIE.

Lorsque les vers-à-soie sont éclos, ils sont si petits et si imperceptibles, qu'il est urgent, pour les conserver, de les mettre dans une boîte ; puis, on place au-dessus d'eux une feuille de papier percée, qu'on a le soin de garnir de feuilles de mûrier découpées. Aussitôt que le ver est éclos, la nature intelligente invite le ver-à-soie à venir se placer sur le papier troué qui est posé au-dessus de lui ; pour monter sur la feuille de papier, les vers passent par les trous qui ont été disposés exprès ; ils n'ont plus qu'à manger les feuilles de mûrier qu'on a eu la précaution de leur préparer.

De la naissance à la maturité, les vers font 4 mues ; à chaque mue,

(1) Habitude employée par les petits producteurs.

le-ver grossit et se développe ; chaque mue est de 8 jours, leur croissance dure 32 jours. A la première mue, on a le soin de leur préparer à manger à tous en même temps pour régulariser cette mue ; à la dernière des 4 mues, le grand travail de cet admirable producteur va commencer. Pour que le ver puisse exécuter son travail avec plus de facilité, on garnit **de plantes sèches appelées bruyères** les bords des tables où sont placés les vers, et chacun d'eux vient choisir la branche où il se placera quand il aura l'intention de faire son cocon. Le ver reste 8 jours pour produire son cocon ; avec les 32 jours de croissance, on a un total de 40 jours de l'éclosion du ver à la formation achevée du cocon ; quand les 8 jours sont expirés, tous les cocons sont à peu près formés et terminés, alors les éducateurs choisissent dans le nombre les cocons **mâles et femelles** (1) qu'ils désirent conserver, pour les laisser se transformer en papillons et en obtenir la graine pour la saison prochaine.

COCONS.

Quand le choix des cocons est fait, on s'occupe alors d'étouffer, au moyen d'une chaleur convenable, les vers de tous les cocons qui ont été destinés à être filés ; on est obligé de faire périr le ver-à-soie ; car, si on lui laissait la vie, **l'insecte**, quand il désirerait sortir de sa prison, percerait le cocon, et, une fois le cocon percé, la matière précieuse qui le forme ne pourrait plus se dévider.

La longueur du fil de soie d'un cocon est en moyenne de 500 mètres, il pèse 20 centigrammes ; d'après ce poids, il faut 5 cocons pour produire 1 gramme de soie, qui aura 2,500 mètres de longueur.

Le déchet ou matière perdue pendant les opérations du montage pour ouvrer la soie, est évalué en moyenne à 5 p. 0/0 du poids net. Ainsi, pour avoir 1,000 grammes de soie ouvrée, il faut 1,050 grammes de soie, qui représentent, d'après le poids d'un cocon pesant 20 centigrammes, le nombre de 5,250 cocons pour produire 1,000 grammes de soie.

(1) On distingue les cocons mâles des cocons femelles par la forme. Le cocon mâle est court, rond et bien formé ; le cocon femelle est un peu plus allongé que le cocon mâle, et sa forme n'est pas aussi élégante.

Si l'on veut connaître le nombre de vers-à-soie qu'il a fallu faire éclore pour obtenir cette quantité de cocons, il faudra ajouter au nombre de 5,250 cocons, les pertes ci-après :

1° Pour avoir 1,000 grammes de soie . . . . 5,250 cocons.
2° Morts pendant l'éducation . . . . 525 id.
3° Pour ceux qui n'ont pas pu se filer . . . 525 id.
4° Pour ceux que l'on a gardés pour obtenir
    de la graine . . . . 105 id.

Nombre total de vers mis à éclore. . . . . . 6,405 vers.

Il faut de 13 à 14 kilogrammes de cocons pour avoir 1 kilogramme de soie grège.

CONFORMATION DE LA SOIE.

La science n'a pas encore découvert un instrument pour pouvoir analyser la conformation des corps opaques infiniment petits; cet instrument est encore à créer, et tant qu'on ne l'aura pas trouvé, on ne pourra faire que des conjectures sur ces corps qui ne peuvent être examinés.

Les hommes intelligents qui se sont occupés de cette précieuse matière croient que la soie a la même conformité **qu'un tube,** et qu'elle est encore percée **de petits trous** dans toute la circonférence du brin de la soie produit par le cocon. L'opinion des savants peut être admise, puisqu'on ne peut prouver le contraire; mais ce qui pourrait accréditer cette opinion, c'est l'éclat et la fraîcheur de la teinte que cette matière acquiert à la teinture, par le liquide tinctorial, qui entre par tous les pores du brin, pour le colorer intérieurement et extérieurement dans toutes ses parties, pour lui donner la beauté de la nature, qu'aucun filament connu n'a encore pu atteindre.

LA FILATURE

Ou Dévidage du Cocon.

Pour obtenir le dévidage du cocon, on met les cocons dans une bassine d'eau bouillante à la chaleur de 100 degrés centigrades ; on a besoin de cette chaleur pour **avoir le bon bout du cocon** ; cette opération est appelée **battre le cocon** ; on se sert, pour saisir tous les bouts des cocons qui sont dans la bassine de cuivre, **d'un balai de bruyères** que l'on promène légèrement sur la tête des cocons ; et, chose remarquable, le bout de chaque cocon se trouve placé à chacune des branches du balai, quand on retire celui-ci de la bassine.

Lorsque la fileuse a à son balai tous les bouts des cocons qui sont dans la bassine, pour filer la grège, elle arrête les bouts à **un volet ou guindre** qui a 90 centimètres de diamètre et 2 mètres 70 centimètres de circonférence ; aussitôt les bouts fixés au guindre, elle commence le dévidage des cocons ; l'eau bouillante, qui avait une chaleur de 100 degrés quand la fileuse cherchait les bouts des cocons, est réduite à 60 degrés centigrades pour dévider les cocons.

Pour avoir le titre de 12 deniers soie grège, on file 4 et 5 cocons ensemble pour n'en former qu'un brin ; et, pour que la grège soit régulièrement filée, il est urgent que les cocons se dévident sans interruption les uns et les autres, c'est-à-dire, que le dévidage de la soie doit toujours être du nombre de cocons désignés pour obtenir une grège de 12 deniers.

Pour avoir **une soie bien filée**, il faut une bonne ouvrière fileuse, qui porte son attention sur la régularité du filage ; quand cette qualité a été constatée par la fabrication, **cette soie prend un nom** qui est fort estimé par les manufacturiers ; quand on dit, c'est une soie **de filature,** ce mot renferme tout ; cette dénomination veut dire que toute la soie a été filée avec la même provenance de cocons, avec le même nombre de bouts, dans la même filature, par les mêmes ouvrières et dans la même perfection.

L'ouvrière fileuse a le moyen de reconnaître avec facilité si son filage est régulier, si tous les cocons se dévident ; elle n'a qu'à regarder **sa bassine,** parce que le cocon, quand il se dévide, **danse** dans la bassine; dans le cas contraire, si le bout est rompu, **le cocon est en repos** dans la bassine.

La flotte de soie grège a de 80 à 90 centimètres de diamètre, la flotte est très grosse, elle pèse à peu près 150 grammes.

DÉVIDAGE DE LA GRÈGE.

Pour dévider la soie grège, on est obligé de la mettre sur des tavelles de 90 centimètres de diamètre; quand les flottes sont placées sur les tavelles, l'ouvrière, chargée de dévider la soie, passe le bout de chaque flotte dans **un purgeoir** garni de drap à l'intérieur; ce purgeoir est monté **sur le va-et-vient** de la table qui contient la rangée de tavelles; l'ouvrière met le bout de chaque flotte sur une **grosse bobine,** et la flotte de grège se dévide sur cette bobine; à fur et à mesure que la soie se dévide et qu'elle passe dans le purgeoir, ce dernier arrête tous les bouchons et toutes les costes ou gros fils que la grège peut avoir, il ne laisse rien passer. **Ce petit outil** rend de grands services pour la propreté de la soie; lui seul est chargé de ce soin, qu'il remplit à merveille; aussi **un bon ouvreur** porte sur cet outil une grande attention.

OUVRAISON D'UN ORGANSIN.

Quand la soie grège est dévidée sur les grosses bobines, pour faire **un organsin,** on met les bobines au moulin afin d'avoir ce qu'on appelle **le premier apprêt ou filage, qui se tord à gauche,** et qui a 500 tours au mètre; c'est la première opération nécessaire pour former un organsin. On commence par tordre le brin de soie grège avant que de doubler les deux brins qui doivent former **un organsin.** Quand toute la soie a reçu son premier apprêt, l'on double les deux brins de grège ensemble, puis on la remet une deuxième fois sur le moulin pour lui donner **un second tord ou apprêt;** ce dernier tord se fait **en sens contraire** du premier apprêt que chaque brin a reçu séparément, c'est-à-dire, qu'au deuxième apprêt **le tord tourne à droite,** et ne dépasse pas, pour un organsin de satin, 300 à 350 tours au mètre que le brin organsin fait sur lui-même.

L'organsin se met en flottes sur des guindres de 1 mètre 10 centimètres de circonférence.

L'ingénieuse combinaison d'avoir tordu les deux brins, **le premier à gauche, et le deuxième à droite,** fait que ces brins sont unis ensemble, pour ne former qu'un fil, qui par ce moyen a acquis assez de force pour résister à toutes les manipulations que l'organsin doit subir, dans les différentes opérations de la teinture, du dévidage, de l'ourdissage et principalement du tissage. Le fil de soie ainsi préparé prend le nom **d'organsin.**

Lorsque l'organsin a reçu **les deux apprêts précités,** les brins se retordent lorsqu'on les détord; si on ne leur avait donné que le second apprêt, en se détordant, les brins resteraient plats.

Quand les flottes d'organsin sont de la grosseur voulue, avant de les sortir de dessus les guindres du moulin, on croise les deux bouts, pour former un nœud que l'on appelle **capiure;** les flottes sont réunies, puis roulées en petits volumes appelés **mateaux.**

ORGANSIN DE SATIN.

Le tord ou l'apprêt doit avoir de 300 à 350 tours au mètre.

ORGANSIN DE TAFFETAS.

Le tord ou l'apprêt doit avoir de 350 à 400 tours au mètre.

ORGANSIN POUR POIL DE VELOURS, ETC.

Le tord ou l'apprêt doit avoir de 250 à 350 tours au mètre.

DIVERS TORDS DES SOIES EXCEPTIONNELLES, ETC.

Le filage des soies exceptionnelles a de 1,500 à 2,000 tours au mètre.

LE MARABOUT.

Le tord ou l'apprêt doit avoir de 1,000 à 1,200 tours au mètre.

LA GRENADINE.

Le tord ou l'apprêt doit avoir de 1,200 à 1,500 tours au mètre.

LE CRÊPE DE CHINE.

Le tord ou l'apprêt doit avoir de 2,500 à 4,000 tours au mètre.

LE CRÊPE.

Le tord ou l'apprêt doit avoir de 5,000 à 7,000 tours au mètre.

La grège employée à produire les soies exceptionnelles doit être de la première qualité **pour le marabout, la grenadine et le crêpe**; ces soies doivent être purgées avec la plus grande précaution, pour qu'elles soient sans bouchons, ni costes; enfin, il faut qu'elles soient d'une grande régularité.

Pour le crêpe de Chine, il n'est pas nécessaire que la grège soit d'une qualité supérieure, car on peut employer la grège de Chine.

OUVRAISON DE LA TRAME.

Même opération que pour l'organsin; la seule différence consiste en ce que les brins de la trame **ne sont nullement tordus** avant le doublage, tandis que les brins de la grège, pour former un organsin, sont tordus à 500 tours au mètre avant que les brins ne soient doublés: voilà la seule différence qui existe entre **l'organsin et la trame.**

Aussitôt que la soie grège est dévidée sur les grosses bobines, **on double** immédiatement les deux brins de grège ensemble, et l'on met la soie au moulin pour lui faire subir l'apprêt que le moulinier désire lui donner.

Le fil de soie ainsi préparé prend le nom **de trame.** Les flottes, avant d'être sorties du moulin, sont capiées comme l'ont été les flottes d'organsin, et les flottes réunies une fois pliées sont également appelées **mateaux**; mais, pour éviter toute erreur, ces mateaux ont un pliage différent de celui de l'organsin.

TRAME POUR TAFFETAS.

Le tord ou l'apprêt doit avoir de 120 à 130 tours au mètre.

TITRE DES SOIES.

On appelle **titre d'une soie,** le poids d'un nombre déterminé et reconnu dans l'essai des soies.

L'essai ou guindre chargé de produire la petite flotte de soie, qui doit être essayée, a 1 mètre 20 centimètres de circonférence.

La flotte de soie qui doit fixer l'essai a 400 tours, et, comme chaque tour a 1 mètre 20 centimètres de circonférence, le brin de soie de cette petite flotte a donc 480 mètres de longueur.

Les poids qui servent à peser les petites flottes sont **des grains,** vulgairement appelés **deniers.**

Un manufacturier désire acheter un organsin de 24 deniers; il fait prendre dans plusieurs parties de la balle, dessous, au milieu ou par côté, **deux mateaux,** pour savoir si l'organsin qu'il désire acheter est régulier et du titre dont il a besoin; il envoie les deux mateaux à l'essai; l'essayeur, aussitôt qu'il a la soie, commence de suite le travail, pour pouvoir renseigner le fabricant sur le titre, la qualité et la régularité de l'organsin envoyé à l'essai.

L'essayeur, pour connaître le titre et la régularité de la soie, fait **huit flottes** ou épreuves de la longueur dont on a parlé plus haut; chaque flotte de l'essai est faite par l'essayeur, avec une flotte différente, prise dans les diverses flottes qui forment les mateaux.

ESSAI DES SOIES

Ou Poids de chaque Flotte séparée.

Première	flotte	pèse	. . . .	24
Deuxième	—	—	. . . .	23
Troisième	—	—	. . . .	27
Quatrième	—	—	. . . .	21
Cinquième	—	—	. . . .	22
Sixième	—	—	. . . .	24
Septième	—	—	. . . .	25
Huitième	—	—	. . . .	26
		Total	. . . .	192

On calcule le poids total des 8 flottes de l'essai qui est de 192 grains; on divise les 192 grains par le nombre de flottes essayées qui est 8; la division donne 24, qui est **le titre** que l'on désire acheter.

RÈGLE DE L'ESSAI.

Poids de 8 flottes 192 | 8 nombre de flottes.
                      32 | ——
                       0 | 24 grains ou deniers.

Le poids total est toujours divisé par le nombre de flottes essayées.

L'essai ci-dessus démontre clairement que la soie essayée est assez régulière, puisque l'essai n'a que **deux écarts,** dont un est le poids 21, et l'autre le poids 27; dans l'achat des soies, l'essai ci-dessus est regardé comme passable, comme régularité du titre.

L'essayeur fait quelquefois des épreuves qui ont 12 et même 16 flottes; mais il ne fait ces épreuves que quand la soie n'est pas régulière; mais quand elle est régulière, l'épreuve n'est pas moins de 8, et le plus de 12.

Quand l'épreuve est de 12, la division totale du poids se fait par 12; quand elle est de 16, elle se fait par 16; enfin la division de l'essai doit toujours se faire par le nombre de flottes expérimentées.

L'ACHAT DES SOIES.

L'achat des soies se traite à terme, avec l'escompte de 12 p. 0/0 à 3 mois; si l'acheteur désire payer avant le terme fixé, le vendeur tient compte à l'acheteur du nombre de jours auquel il a droit, et lui paie l'intérêt de l'argent payé avant le terme, à 6 p. 0/0 l'an.

Le prix de la soie convenu entre le vendeur et l'acheteur est calculé avec le poids conditionné, qui est certifié par **deux bulletins** authentiques délivrés par le directeur de la Condition publique, dont l'un est remis **au vendeur,** et l'autre **à l'acheteur.** On procède ainsi :

On a acheté une balle organsin le 1ᵉʳ février, pour être payée à 90 jours avec escompte de 12 p. 0/0; la balle pesait, après condition, 91 kilog. 88 décag., achetée à 85 fr. le kilog.

Pour opérer on multiplie le poids par le prix; quand la multiplication est faite, on déduit du produit total les 12 p. 0/0 d'escompte, après la déduction faite, le total est la somme que l'acheteur doit au vendeur, mais si l'acheteur paie cette somme avant le terme fixé; le vendeur tient compte de la différence des jours auxquels l'acheteur a droit.

Poids de la balle . . . 91,880   gram., poids conditionné.

Acheté à 85   francs le kilog.

$$459,400$$
$$7,350,40$$

$$7,809,800$$
$$12 \quad \text{p. 0/0 escompte.}$$

$$156,19,600$$
$$780,98,00$$

$$937,17,600$$

Le poids multiplié par le prix a produit   7,809,80

12 p. 0/0 d'escompte   937,17

6,872,63

L'acheteur doit au vendeur 6,872 fr. 63. Mais, comme l'acheteur ne doit payer cette somme qu'à l'expiration des 90 jours, et qu'au lieu d'attendre cette date, il paie la balle 10 jours après l'avoir achetée, le vendeur lui tient compte des 80 jours, dont il a avancé le paiement, à 6 p. 0/0 l'an. Pour connaître l'escompte que le vendeur doit à l'acheteur, on multiplie 6,872 fr. 63 c. que l'acheteur doit au vendeur, par 6 p. 0/0 l'an.

Montant de la balle après l'escompte déduit de 12 p. 0/0

$$6,872,63$$

Multiplié par 6   p. 0/0 l'an.

$$412,35,78$$

D'après la règle, la multiplication a donné 412 fr. 35 d'escompte pour l'année commerciale, qui n'a que 360 jours; pour connaître l'escompte des 80 jours, on fait une règle de proportion, et l'on dit :

Si 360 jours ont donné 412,35   d'escompte.
Combien donneront   80   jours.

```
3298800  | 360
  0588   |————
  2280   | 91,63   d'escompte.
  1200   |
   120   |
```

L'escompte que le vendeur doit à l'acheteur pour les 80 jours avancés est de 91 fr. 63 que l'on déduit de la somme de 6,872 fr. 63.

L'acheteur doit au vendeur à 90 jours	6,872,63
Le vendeur doit l'escompte de 80 jours	91,63
L'acheteur doit net	6,781,00

LA CONDITION DES SOIES.

La Condition des soies est un établissement public où sont portées les soies, lorsqu'elles sont vendues pour être conditionnées **au système absolu** ; ce mot veut dire enlever à la soie **toute l'humidité** dont elle est chargée, et même celle qu'elle doit avoir dans son état normal.

La Condition est le régulateur qui établit le poids de la balle de soie entre le vendeur et l'acheteur; après l'épreuve qu'elle a subie dans cet établissement, le poids est certifié authentiquement entre les parties contractantes **par deux bulletins,** dont l'un est remis au marchand de soie, et l'autre au manufacturier.

Le nouveau système de conditionnement des soies a été créé **par M. TALABOT** ; il fonctionne depuis 1841.

Les appareils dessicateurs ont été exécutés **par MM. ROGEAT Frères de Lyon** ; la chaleur renfermée dans les dessicateurs où sont exposés les mateaux, pour subir la dessication de **l'humidité absolue,** est élevée à la température de 125 degrés centigrades.

La précision rigoureuse avec laquelle on procède dans l'établissement unique de la Condition, est une garantie suffisante pour la certitude **du poids réel** de la balle qui est porté sur les bulletins de la Condition.

L'opération se fait ainsi : on extrait **30 mateaux** de la balle; on les prend dessus, dessous, dans l'intérieur et par côté, enfin, en diverses parties de la balle; les 30 mateaux sont divisés en trois parties **de 10 mateaux chacune** ; chaque partie est placée **dans un tiroir,** où elles sont pesées séparément avec contre-épreuve, c'est-à-dire, que chaque partie, pour éviter des erreurs, est pesée **deux fois,** l'une après l'autre, **par deux vérificateurs** ; aussitôt que les trois parties sont pesées, un employé est chargé de mettre chaque partie séparée dans un calorifère à la température de 100 degrés centigrades, pour commencer à lui enlever **la première humidité,** provenant de l'atmosphère ou de toute autre cause; lorsque la soie y a resté le temps voulu, qui est fixé par le système Talabot à 45 minutes environ, la première opération est terminée; alors on enlève les **trois parties** des trois calorifères, et l'on place deux d'entre elles dans **les dessicateurs.** La troisième partie **est tenue en réserve** ; voici pourquoi.

L'épreuve se fait ordinairement avec les deux parties précitées; quand l'opération est faite, si la différence des épreuves entre elles deux dépasse **50 milligrammes** ou 1/2 p. 0/0, alors seulement on fait la troisième épreuve, avec la troisième partie **réservée** ; la proportion du poids trouvé s'établit sur l'addition des trois épreuves réunies (1).

Figure du **bulletin** de l'employé de la Condition chargé d'opérer **la dessication absolue.**

Tiroirs	Mis à l'Absolu	Poids Primitif	Poids Absolu	Perte au Cent	Différence	Observations
N° 136. — Ballot			pesant net k^os 97,10, appareil.			
1	10 m. 1re	515,270	439,010	14,80	0,12	82,78
2	10 m. 2me	529,700	451,900	14,68		
		1,044,970	890,910			
3	10 m. 3me	544,100				

Dans **la première épreuve,** le poids primitif était de 515 grammes 270 milligrammes; après l'épreuve, il n'était plus que de 439 grammes 10 milligrammes.

Dans **la deuxième épreuve,** le poids primitif était de 520 grammes 700 milligrammes; après l'épreuve, il n'était plus que de 451 grammes 900 milligrammes.

Dans **la première épreuve,** la perte au cent a été de 14 grammes 80 milligrammes.

Dans **la deuxième épreuve,** la perte au cent a été de 14 grammes 68 milligrammes.

Pour connaître le poids de la perte au cent, on n'a qu'à soustraire du poids primitif le poids absolu, et à diviser le reste de la soustraction par le poids primitif.

(1) Dans cet exemple les deux épreuves n'ayant pas dépassé le poids de 50 milligrammes ou 1/2 p. 0/0, la condition de cette balle organsin n'a été faite que sur les deux épreuves.

PREMIÈRE ÉPREUVE.

Poids **primitif** 515,270
Poids **absolu** 439,010
____
76,260   perte.

Dans **la première épreuve**, la soustraction a donné 76 grammes 260 milligrammes de perte totale; pour connaître la perte au cent, on divise ce nombre par le poids primitif qui est de 515 grammes 270 milligrammes.

Division de la première épreuve.

76260000 | 515270
2473300 | _______________
4122200 | 14,80   perte au cent.
000040 |

DEUXIÈME ÉPREUVE.

Poids **primitif** 529,700
Poids **absolu** 451,900
____
77,800   perte.

Dans **la deuxième épreuve**, la soustraction a donné 77 grammes 800 milligrammes de perte totale; pour connaître la perte au cent, on divise, comme dans **la première épreuve**, ce nombre de milligrammes par le poids primitif qui est de 529 grammes 700 milligrammes.

Division de la deuxième épreuve.

77800000 | 529,700
2483000 | _______________
3642000 | 14,68   perte au cent.
4638000 |
400400 |

Pour connaître la différence de poids qu'il y a entre les deux épreuves, on n'a qu'à faire une soustraction, entre les deux poids différents qui ont été donnés par les deux épreuves.

Première épreuve perte au cent 14 g. 80 ⎫
Deuxième épreuve perte au cent 14 g. 68 ⎭ 0,12 millig.

Différence   12   milligrammes.

Lorsque ces épreuves sont terminées, on a toutes les preuves sous les yeux pour connaître **la perte réelle** que la soie a faite dans les deux épreuves séparées, qu'elle a subies dans les dessicateurs **au système absolu**; il ne reste plus à connaître que **le poids réel** de la balle de soie; pour cela on n'a qu'à faire une règle de proportion, à l'aide des poids primitifs et absolus **des deux épreuves réunies** et du poids net de la balle, lorsqu'elle est entrée à la Condition; l'on dit donc:

Si le poids primitif, 1,044 grammes 970 milligrammes, est réduit à 890 grammes 910 milligrammes, à combien seront réduits 97 kilogrammes 10 décagrammes?

1044,970 ne pèsent plus que   890,910
Combien pèseront   97,10
                   8909100
               6236370
             8018190

8650736100 | 1044,970
2909761 | 82,78
8198210 |
8834200 | poids absolu.
474440

Quand la balle de soie organsin est entrée à la Condition, elle pesait 97 kilog. 10 décag.; après l'épreuve **du système absolu,** elle ne pèse plus que 82 kilog. 78 décag. Mais, dans cet état, on lui a sorti non seulement la surcharge d'humidité, mais encore **l'humidité naturelle,** qui a été donnée à ce filament précieux pour avoir la force et l'élasticité nécessaires pour résister à toutes les phases de la manipulation. La science a reconnu que la soie contenait elle-même

11 p. 0/0 d'humidité, et, comme l'épreuve qu'elle a subie lui a enlevé, non seulement la surcharge, mais toute l'humidité qu'elle a naturellement, on est donc obligé, par raison et par justice, d'ajouter **au poids conditionné** par le système absolu, les 11 p. 0/0 d'humidité que la condition absolue lui a enlevés.

La règle de proportion a donné 82 kilog. 78 décag., que la balle pèse après l'épreuve des deux opérations; à ce poids on ajoute **les 11 p. 0/0 d'humidité.**

On multiplie le poids de la balle par les 11 p. 0/0.

Poids de la balle absolu	82,78
L'humidité naturelle . .	11 p. 0/0
	8278
	8278
	9,10,58. à ajouter.

Après **le poids absolu**, la balle ne pèse plus que	82,78
Les 11 p. 0/0 d'humidité naturelle qu'elle doit avoir	9,10
La balle de soie pèse . . . . . , ...	91,88

Le poids sera certifié par le bulletin de la Condition.

Les opérations de la Condition, expliquées dans cette description, n'ont été développées que pour faire connaître au manufacturier comment les épreuves sont faites, et pour qu'il n'ait aucun doute **sur le poids réel** de la balle qu'il a achetée.

Lorsque la balle de soie entre dans les magasins du fabricant, elle est accompagnée **d'un bulletin** de la Condition; dès qu'on l'a reçue, on la pèse pour s'assurer qu'elle a bien le poids inscrit sur le bulletin; quand le poids est reconnu, on vérifie le billet de la Condition dans l'ordre indiqué, et par les règles de proportions qui sont dans cette description; il n'y a qu'à faire les règles indiquées pour connaître **le poids absolu** de la balle, et pour avoir la certitude que la balle a réellement **le poids** acheté.

FIGURE DU BULLETIN DE LA CONDITION.

N° 136.

CONDITION UNIQUE ET PUBLIQUE DES SOIES.

Ordonnance royale du 23 Avril 1841.

Lyon, le 23 Janvier 1856.

Déposé par M. Palluat   un

MARQUE	ballot **organsin**, pesant brut kilos	99
N° 31.	Tare.	1,90
	Net. . . . . . kilos	97,10

Mateaux extraits du ballot pesant net 1044,970
se sont réduits au poids absolu de. . . 890,910
d'où résulte pour le ballot net le poids absolu de k°ˢ. 82,78
Augmentation **de onze pour cent** 9,10

Poids conditionné 91;88
Diminution. 5,22

Rendu les 30 mateaux d'épreuves.
Frais de condition 7 fr. 15 c . . . . kilos 97,10
Pour Mʳ

METTAGE EN MAINS.

Le mettage en mains est une opération très utile, faite par des femmes qui ont une grande habitude de ce travail; on les appelle dans la fabrique **metteuses en mains**. Ce travail a pour but de choisir les différentes grosseurs de la soie qui se trouvent nécessairement dans une grande réunion de flottes; indépendamment de ce premier travail, la metteuse en mains doit encore mettre la soie en **pantines.**

Cette ouvrière choisit à l'œil nu, et avec une grande habileté, **la soie organsin ou trame,** et, chose assez remarquable, son choix est assez juste et régulier; elle distingue très bien **la soie chaplée et défilée**; cette soie, inacceptable parce qu'elle n'a plus assez de force pour pouvoir être employée, est mise à part pour être rendue au marchand de soie qui déduira du poids de la Condition le poids qu'on lui aura rendu. Si la metteuse en mains ne l'avait pas extraite du ballot, cette soie aurait pu causer une grande perte au manufacturier.

Ce simple aperçu du travail de la metteuse en mains, prouve **l'utilité** de celle-ci, non seulement pour mettre la soie en pantines, mais encore pour faire le choix des diverses grosseurs de la soie.

La metteuse en mains divise la soie d'une balle **organsin ou trame en 4 choix :**

Le premier choix est **le fin,** il est distingué par **1 nœud**;

Le deuxième choix est **le moyen,** il est distingué par **2 nœuds**;

Le troisième choix est **le gros,** il est distingué par **3 nœuds**;

Le quatrième choix est le **mêlé,** il est distingué par **4 nœuds,** ou sans **nœuds,** selon l'habitude de la metteuse en mains ou du manufacturier; ce dernier choix a le désavantage de donner dans une flotte, qui est indivisible, **les trois grosseurs précitées, le fin, le moyen et le gros**; toutes les flottes qui sont ainsi mélangées sont réunies ensemble et représentent le quatrième choix.

Lorsque les 4 choix sont faits, la metteuse en mains met toute la soie en pantines, choix par choix, en commençant par le fin. Mettre en pantines, c'est réunir ensemble plusieurs flottes, 4 ou 5, selon la grosseur des flottes, pour en faire une seule, que l'on nomme **pantine**; le poids d'une pantine écrue est à peu près de 30 grammes. A chaque pantine, la metteuse en mains met **un bout de fil blanc,** qui en enveloppe tous les tours; ce bout de fil se nomme **pantimure**; il est d'une grande utilité pour pouvoir teindre la soie et la dévider. Quand toutes les pantimures sont placées à chaque pantine, la metteuse en mains réunit **4 pantines** ensemble, en les tordant 2 fois à la cheville, pour en faire ce qu'on appelle en fabrique **une main**; elle réunit 20 mains ensemble, elle passe **un lien** dans les 20 mains, pour en former un paquet; et, au bout du lien, elle met un fil, qui servira à indiquer **le choix** de cette soie (1).

Quand le ballot a été mis en mains, on le pèse pour connaître son poids actuel, et on inscrit immédiatement ce poids sur un livre appelé **numéro des ballots.**

Pour conserver la nervure de la soie, il est nécessaire qu'elle ne soit pas exposée à l'air. Une fois mise en mains, on la remet dans la même sache qui la contenait auparavant, avec ordre, c'est-à-dire, **choix par choix,** afin que, sans déranger les paquets, l'on puisse trouver le nœud qui représente la grosseur que l'on désire mettre à la teinture.

Quand la soie est dans la sache, on fixe une étiquette à la balle, pour indiquer le numéro d'ordre, la nature de la soie, la date de son entrée dans la manufacture, le poids avant et après la condition, le poids après le mettage en mains, enfin l'emploi auquel cette soie **organsin ou trame** est destinée.

LA TEINTURE DES SOIES.

La teinture des soies est une science trop savante et trop compliquée, pour que je puisse donner même les plus légères notions sur les préparations chimiques employées par les teinturiers pour teindre toutes les nuances en général. Je me contenterai donc d'indiquer **les diverses pertes** que la soie fait à la teinture, ainsi que les rendements que l'on peut obtenir dans la teinture des soies.

Mais, si le manufacturier n'a nul besoin de savoir la science tinctoriale pour avoir **de belles nuances,** il faut au moins qu'il puisse juger, de prime abord, par un coup d'œil aussi prompt que l'éclair, si la nuance, que le teinturier lui présente, est fraîche comme préparation et comme couleur, et si elle n'est nullement **plombée,** c'est-à-dire, **d'un ton gris terne,** qu'on ne peut définir; mais qu'un œil exercé reconnaît facilement.

____

(1) Par 1 nœud, 2 nœuds, 3 nœuds, 4 nœuds.

Le grand art de juger une nuance, de savoir si **le ton** en est plein de fraîcheur, s'il est conforme à l'échantillon demandé, enfin si la couleur est **bonne ou mauvaise,** cet art, dis-je, est une de ces choses qu'on ne peut enseigner; il est inné chez l'homme, et il y a très peu de gens capables de juger si telle nuance a plus ou moins bien réussi; mais, avec le temps, à force de voir continuellement des teintes, l'œil cependant finit par s'exercer et par distinguer **la bonne de la mauvaise nuance.**

Pour avoir une nuance belle et fraîche, il faut que la soie soit d'une belle provenance, qu'elle soit bien **décruée,** c'est-à-dire, dépouillée entièrement, par la cuite et le décreusage, de tous les ingrédients qui sont attachés **à la soie écrue.**

Pour teindre la soie on est obligé **de la cuire ou de la décruer;** c'est la première opération tinctoriale que subit cette matière précieuse pour pouvoir être teinte **en soie cuite ou en soie souple.**

Pour avoir une soie teinte fraîchement, avec la certitude que la beauté de la nuance a reçu tout l'éclat et toute la fraîcheur qu'elle pouvait recevoir, il faut que le bain, préparé pour teindre la soie, soit très propre et très bien rincé, que l'eau employée soit très limpide et très claire, que les drogues tinctoriales soient du premier choix: mais il faut surtout pour teindre la soie un très bon coloriste.

On a subdivisé, dans un grand centre industriel comme **Lyon ,** cette importante industrie de la teinture **en trois catégories de teinturiers;** il y a même une quatrième et une cinquième catégorie; la quatrième ne teint que la soie **pour velours;** la cinquième ne teint que la soie **pour étoffes meubles;** ces deux catégories ne sont que des spécialités particulières, en dehors des trois subdivisions précitées, et si j'en ai parlé, c'est pour mémoire.

La première catégorie ne teint **que le noir;**
La deuxième   —   — **que le blanc, rose et ciel;**
La troisième   —   — **que les couleurs diverses.**

Les deux dernières catégories sont quelquefois organisées chez le même teinturier, comme chez d'autres, l'atelier de teinture est séparé.

Cette grande subdivision a amené un progrès et une perfection incontestable dans la teinture; c'est elle qui jusqu'ici a établi notre supériorité pour la beauté, la fraîcheur et l'éclat de nos teintes, qui sont reconnues sans rivales dans le monde entier.

ORGANSINS ET TRAMES CUITS.

1° la soie cuite, couleurs claires **perd** de 26 à 27 p. 0/0 ;
2° — — — ordinaires **perd** de 25 à 26 —
3° — — — foncées **perd** de 24 à 25 —
4° — — noir fin **perd** de 24 à 25 —
5° — — noir anglais **perd** de 15 à 20 —
6° — — noir minéral **rend** à peu près poids pour poids.

ORGANSINS ET TRAMES SOUPLES.

1° la soie souple, couleurs claires **perd** de 5 à 8 p. 0/0 ;
2° — — — ordinaires **perd** de 1 à 3 —
3° — — — foncées **rend** de 5 à 8 —

ORGANSINS ET TRAMES CRUS.

La soie crue, couleur ou noire, **rend poids pour poids.**

TRAMES ENGALLÉES.

1° la soie engallée, couleurs claires **rend** de 5 à 10 p. 0/0 ;
2° — — — ordinaires **rend** de 10 à 15 —
3° — — — foncées **rend** de 15 à 20 —

TRAMES GROS NOIR.

La soie gros noir **peut rendre** depuis 25 p. 0/0 jusqu'à 80 p. 0/0.

LA TEINTURE CUITE EN NOIR MINÉRAL

Rendant Poids pour Poids (1).

La teinture **cuite en noir minéral** a un grand avantage, celui **de grossir le brin de la soie**, de le gonfler, si l'on peut s'exprimer ainsi ; la **teinture cuite en couleur** produit l'effet contraire, elle **amoindrit le brin**, parce qu'elle perd à la teinture 25 p. 0/0, tandis que la teinture en noir minéral **rend poids pour poids** ; cette différence entre les deux genres de teinture est très sensible **sous le rapport du poids, de la grosseur et du toucher.**

Ainsi l'organsin **en noir minéral** pèsera le mètre	25 gr. 80 c.
Et l'organsin **cuit en couleur** — —	19 40
En plus	6 gr. 40 c.

Les pièces de la commission dont l'**organsin** sera teint **en noir minéral** pèseront 6 gr. 40 de plus par mètre, que celles dont la chaîne organsin sera teinte en couleur.

De même la trame **en noir minéral** pèsera le mètre	25 gr.
Et la trame **cuite en couleur** pèsera le mètre. ...	18 80
En plus	6 gr. 20

Les pièces de la commission dont **la trame** sera teinte **en noir minéral** pèseront 6 gr. 20 de plus par mètre, que celles dont la trame sera teinte en couleur.

Réunis l'organsin et la trame **noir minéral** pèseront 50 gr. 80	
Réunis l'organsin et la trame **cuits en couleur** pèseront 38 20	
En plus .... 12 gr. 60	

(1) La teinture en noir minéral varie ; elle rend de 0 p. 0/0 à 10 p. 0/0, et quelquefois plus.

Les pièces de la commission dont la chaîne et la trame seront teintes **en noir minéral** pèseront 12 gr. 60 de plus par mètre, que les pièces **à organsin et trame cuits en couleur.**

Les trois descriptions partielles qui ont été données ci-dessus ne l'ont été que pour distinguer les divers poids que les pièces de la commission donneront quand elles seront fabriquées. Le poids sera moindre si celles qui sont tramées noir minéral sont obligées **d'être moins réduites** pour avoir une qualité convenable; mais celles qui auront **la chaîne noire** pèseront réellement 6 gr. 40 **de plus** que celles qui auront la chaîne couleur, parce que la réduction des fils sera la même pour toutes les pièces de la commission.

Dans toutes les démonstrations, les chiffres ont une puissance irrécusable, parce que rien n'est plus positif **qu'un chiffre**; c'est cette raison qui m'a fait comparer la différence **des poids** dans les pièces de la commission, entre les pièces qui auront **la chaîne ou la trame** en noir minéral, et celles qui auront l'une et l'autre, c'est-à-dire **la chaîne et la trame** teintes en noir minéral : cette comparaison frappera les moins disposés à se rendre aux faits positifs.

Comme il a été expliqué précédemment, les pièces de la commission dont **la chaîne** sera teinte **en noir minéral** pèseront par mètre 6 gr. 40 **de plus** que celles qui auront été teintes en couleur. Pour terminer cette comparaison, les pièces dont **la trame** est teinte en noir minéral pèseront 6 gr. 20 le mètre, les pièces de la même commission qui auront **la chaîne et la trame** teintes en noir minéral pèseront le mètre 12 gr. 60, **de plus** que celles qui auront été teintes en couleur, **sans avoir**, pour cela, plus de matière soie.

On pourrait **réduire le poids**; mais, pour arriver à cette réduction, il faudrait mettre un organsin de 20 deniers au lieu de 24; il y aurait une économie de 4 gr. 40 par mètre **sur l'organsin**, qui ne pèserait plus que 21 gr. 50 au lieu de 25 gr. 80; à l'économie **du poids,** il y aurait à ajouter la différence **du prix du 20 deniers,** qui est naturellement plus élevé que le 24 deniers.

La description qui a été faite sur l'organsin **teint en noir**, s'applique également **à la trame** qui aura été teinte en noir; mais, au lieu d'employer un 26[d], on mettrait un 22[d] : il y aurait une économie de

4 gr. par mètre **sur la trame,** qui ne pèserait plus que 21 gr. 20 au lieu de 25 gr.; à l'économie **du poids,** il y aurait à ajouter la différence **du prix du** 22^d, qui est, comme dans l'organsin, naturellement plus élevé que le 26^d. Mais il y a une importante remarque à faire à cause de la grande difficulté que l'on pourrait rencontrer dans la manipulation si l'on employait **un titre trop fin** : avec un titre trop fin le brin ne résisterait pas à l'opération de la teinture en **noir minéral,** qui est très acidée, et la trame pourrait être fusée, c'est-à-dire **énervée et défilée,** ce qui la rend très difficile à **dévider et à mettre en cannettes** ; or, quand les cannettes sont mal faites, elles sont difficiles à employer; malgré l'attention et les précautions de l'ouvrier tisseur, jamais cette trame ne pourra être **tendue dans l'étoffe** comme une trame qui n'a présenté aucune difficulté au dévidage et au cannetage; pour cette cause, elle ne doit pas être employée, attendu qu'il serait probable que la pièce, une fois fabriquée, **fût crispée,** et par conséquent fût d'une fabrication qui l'empêchât d'être présentée à aucun acheteur.

Pour les raisons données sur l'inconvénient de l'emploi **des trames fines,** il convient, sous tous les rapports, de ne pas les employer dans cette teinture, mais de prendre une trame du 26^d le fin du ballot. Mais, comme le brin de la trame **sera gonflé** à la teinture, qu'il **sera plus gros** que celui des trames teintes en couleurs (puisque ces dernières perdent 25 p. 0/0 à la teinture, tandis que celles teintes en noir minéral rendent, au moins, **poids pour poids**), au lieu de mettre 100 coups au pouce comme **aux pièces des trames couleur,** on ne mettra que 90 ou 94 coups au pouce; avec cette réduction, on aura la même qualité et le même toucher qu'aux pièces tramées couleur, et l'on obtiendra **une économie** de 10 à 6 coups par pouce, représentant 8 p. 0/0 de trame en longueur qui entreront **en moins** dans toutes les pièces de la commission **tramées en noir minéral.**

Outre la puissante considération précédente, il y en a une autre qui est tout aussi capitale et qui a une grande importance comme résultat demandé; c'est quand **le bénéfice est presque nul,** et qu'on est obligé de faire jouer tous les ressorts économiques pour arriver à **un léger bénéfice**; on est, par cette raison légitime, dans la né-

cessité d'essayer l'emploi **des titres plus fins**; mais, quand le bénéfice est raisonnable, il convient de mettre pour les noirs les mêmes
soies et les mêmes titres que pour les couleurs, parce que la trame
d'un 26^d se dévidera plus facilement qu'une trame d'un 22^d, de même
pour l'organsin. De plus l'organsin d'un 24^d **garnira et couvrira** da-
vantage la trame, parce que les fils sont plus gros; et, par ce fait, le
transparent **des trames glacées** sera plus **voilé**, plus **adouci** que
si le titre de l'organsin eût été un **20** deniers.

Indépendamment des avantages qui ont été précisés sur l'emploi
du titre d'un 24^d, l'étoffe aura en outre **ce beau toucher** du taffetas
qui indique la belle qualité.

Quand on est bien d'accord sur les titres, et que le travail des
chiffres **a été révisé** par le chef de fabrique, on peut, d'après la ré-
capitulation qu'on a faite de tous les poids **des chaînes et des trames** de la commission, on peut, dis-je, mettre, sans doute et sans
crainte, les organsins et les trames à la teinture, dans l'ordre écrit
sur le **livre de teinture** (1), pour être envoyés aux trois catégories
de teinturiers.

LA TEINTURE DES TRAMES CUITES OU SOUPLES

Glacées Blanc.

Le goût qui épure toute chose, aidé par la mode qui règne des-
potiquement sur les costumes élégants, a produit ce que la teinture ne pouvait faire : **des teintes adoucies** avec le reflet doux et
gracieux que l'on obtient par le mélange d'un organsin teint dans
une **teinte vive, avec une trame blanche.** Ce mélange ne pouvait
donc s'obtenir que par le tissage; mais, pour arriver à cette teinte
adoucissante qu'il doit avoir, il est nécessaire que les trames blanches, cuites ou souples, qui doivent **être glacées** sur n'importe
quelle nuance, soient toujours **d'un blanc-mat.** Cette teinture de

_____

(1) Ou sur une note préparée.

blanc ne doit avoir aucune teinte, aucun reflet, soit **rose, bleu, vert, jaune, etc.**

Cette teinte doit être **d'un blanc mat, pur** de toute teinte **colorante,** pour que le mélange de l'une et de l'autre laisse à la chaîne organsin toute la fraîcheur et toute la beauté de la nuance qu'elle a reçue, comme à la trame **tout son reflet net et pur.**

D'après ce principe de teinte que l'intelligence de l'homme a trouvé et qui est reconnu dans la fabrication des étoffes de soie, toutes les trames blanches, qui seront employées dans **les pièces glacées,** devront être teintes **en blanc mat.**

LA TEINTURE DES TRAMES SOUPLES.

La teinture des trames **souples** est d'une création récente; elle était inconnue des siècles passés. Cette teinture a été trouvée en 1818 **par Pons, teinturier,** qui aurait dû être généreusement récompensé **pour avoir trouvé une chose** que personne ne soupçonnait, et dont on ne prévoyait pas même toute la richesse du résultat, par l'accroissement de travail que son invention devait imprimer à la fabrication lyonnaise, qui eut seule alors le monopole **de cette teinture inconnue**; au contraire, l'inventeur a été forcé de s'expatrier en Angleterre, à cause d'un procès qu'il ne put soutenir contre un manufacturier de l'époque.

La trame souple, comme effet, **a un ton terne** ; la couleur n'a pas la vivacité que possède la trame cuite ; malgré cela, elle a un léger brillant que lui donnent la préparation et surtout le chevillage; **son toucher** n'a pas le bruissement de la soie cuite; et, quand elle est employée dans une chaîne cuite, l'étoffe fabriquée, même **en taffetas,** ne possède pas, quand le tissu est porté, l'agréable bruit **de brou.... brou,** qui chatouille si agréablement l'oreille et la vanité des femmes : il n'y a que **la soie cuite** qui a ce privilége. Le porter de l'étoffe **tramée souple** a un défaut qui n'existe pas autant dans l'étoffe **tramée cuite,** c'est de retenir avec facilité et opiniâtreté la poussière qui s'y attache.

L'inventeur, quand il a créé la trame souple, a eu pour **but** de grossir le brin, par des moyens qu'il est inutile de faire connaître dans cette description; le brin étant plus gros apportait **un poids** plus considérable dans la même longueur; la conséquence est naturelle : **grosseur en plus, poids en plus**; mais cet avantage ne pouvait s'obtenir qu'aux dépens du brillant. Le brin étant plus gros, et pesant plus que le brin d'un même titre d'une trame cuite, devait nécessairement apporter **une grande économie dans la longueur**, par l'espace que la trame souple doit occuper dans le tissu, et par le poids que cette trame **rend**, qui varie, selon les teintes, de 1 à 8 p. 0/0 de perte à la teinture, au lieu de 25 p. 0/0 de perte, quand elle est **teinte en cuit.**

Pour rendre l'avantage **de la trame souple** plus frappant et plus saisissant, il n'y a qu'à le démontrer avec des chiffres et par comparaison.

Un bout de trame de 3,690 mètres de longueur, du titre de 26^d,

Pèsera en cuit		7 gr. 81	en perdant	25	p. 0/0
—	en souple	9	67 en	—	8	—
—	en —	9	90 en	—	5	—
—	en —	10	30 en	—	1	—

DIFFÉRENCE DE RENDEMENT

Entre la Trame cuite et la Trame souple.

La trame souple en perdant 8	p. 0/0	**rend** 17	p. 0/0 de plus;
—	—	en —	5 —	— 20	—	—
—	—	en —	1 —	— 24	—	—

La différence qui existe dans le rendement **de la trame souple** ne tient absolument qu'au décreusage, qui a plus ou moins **déchargé le brin** de la soie d'une substance résineuse attachée à ce brin.

Cette gomme cireuse qui enveloppe le brin de la soie est destinée sans doute à garantir la soie **contre l'action** des causes extérieures, telle que l'humidité de l'atmosphère, ou bien contre l'action **du temps** qui frappe tous les corps.

Le décreusage de la trame souple est proportionné par le teinturier au degré nécessaire, selon **le fond de la couleur** qui doit être appliquée à la soie teinte.

La découverte de la trame souple a été, à son apparition, assez bien reçue **par la fabrique lyonnaise**; par l'économie considérable qu'elle apportait, elle facilita les manufacturiers à fabriquer des genres d'**étoffes unies**, où la trame souple produit un plus gros grain, et des **étoffes façonnées** où la chaîne seule exécute dans le dessin **les effets extérieurs.** Et certainement, les manufacturiers n'auraient jamais pu fabriquer ces étoffes, si cette découverte n'était pas venue les faciliter à créer des étoffes **à prix réduit,** tout en ayant un toucher fort, qu'ils ne pouvaient atteindre avec l'étoffe tramée cuite.

LA TEINTURE DES TRAMES ENGALLÉES.

Avant l'invention de la trame souple, la teinture était restée stationnaire pendant des siècles, ne teignant **que la soie cuite, crue et gros noir**; elle se réveilla enfin de l'apathie où l'insouciance et la routine l'avaient laissée, par l'arrivée inattendue **de la trame souple,** qui ouvrait aux yeux étonnés un nouvel horizon à la teinture.

Les chimistes teinturiers, surexcités par cette importante découverte, entrèrent aussitôt dans la voie progressive des essais. Il n'y avait qu'à chercher pour trouver; ce fut **un contre-maître,** dont j'ignore le nom, qui trouva, en 1825, dans l'atelier **de Gravillon, maître teinturier**, la remarquable invention **de la trame engallée.** N'est-il pas regrettable que celui qui a trouvé une chose si belle et si utile n'ait pas pu profiter lui-même de la création dont il venait d'enrichir l'industrie? C'est triste et cependant **cela est,** car elle n'eut aucun succès à son apparition, malgré les visites réitérées que

Gravillon fit aux manufacturiers pour présenter l'œuvre qui apportait sur la trame souple une économie plus considérable.

La trame engallée, en sortant de teinture, rend un poids supérieur **au poids écru,** qui varie de 5 à 20 p. 0/0 en sus du poids primitif, tandis que la trame souple **perd sur le poids écru** de 1 à 8 p. 0/0.

La trame engallée, avec un si grand résultat obtenu et qui est supérieur de 20 p. 0/0 à la première invention de la trame souple, aurait dû être accueillie aussitôt qu'elle a été présentée.

C'est le contraire qui arriva ; les manufacturiers de l'époque ne firent aucune attention à cette découverte. **L'inventeur titulaire,** que j'ai connu personnellement, rebuté par l'insuccès **d'un procédé de teinture** qui offrait de si grands avantages aux manufacturiers, vendit son fonds de teinturier et s'expatria en Amérique.

Pour **le pauvre contre-maître** qui avait trouvé **cette grande chose,** il est rentré dans la foule; et personne, depuis cette époque, ne s'est intéressé à savoir ce qu'il était devenu.

L'invention ne fut pas perdue : quelques années après, en 1827, **la trame engallée** fut représentée aux fabricants par le teinturier alors le plus en réputation; mais cette fois, elle ne dut son succès qu'au personnage qui la présenta de nouveau aux manufacturiers, parce qu'il était en position de se faire écouter, tandis que le premier ne l'était pas.

La teinture des trames engallées n'est pas réglée à rendre, comme la soie cuite, un poids toujours à peu près **uniforme** ; cela dépend de la couleur que la trame doit recevoir, parce que le teinturier proportionné l'**engallage,** selon le fond de la nuance qui lui est destinée ; si la soie était plus chargée d'engallage **qu'elle ne doit l'être** par rapport à sa nuance, elle ne prendrait pas une belle couleur ; c'est pour cette raison que l'engallage doit être gradué selon **le fond de la teinture** auquel la trame est destinée.

La description qui a précédé doit faire comprendre pourquoi **la trame engallée** varie dans son rendement depuis 5 p. 0/0 jusqu'à 20 p. 0/0 : cette variation prouve que le poids ne dépend absolument **que de la charge** plus ou moins forte **d'engallage** que la trame a reçue, parce que la teinture colorante n'a qu'une très petite influence sur le poids, dans le rendement **des trames engallées** ;

que le bain soit préparé dans une nuance **claire** ou dans une nuance **foncée**, le poids que la nuance peut donner est très peu de chose, et même presque nul.

Lorsque **les trames engallées** rentreront de la teinture, celles qui auront reçu **le même fond d'engallage**, rendront à peu près le même poids, comme aussi, celles qui auront reçu **un fond d'engallage plus chargé**, rendront nécessairement un poids supérieur aux trames engallées, qui auront reçu **une charge inférieure** dans l'engallage; c'est irréfutable et de la dernière évidence. Ce sont là les seules et véritables causes qui produisent les différences de 5 p. 0/0 jusqu'à 20 p. 0/0, dans le rendement de cette nouvelle création tinctoriale.

La trame engallée a, à peu de chose près, le même ton terne que la trame souple ; mais elle a moins de brillant, et son toucher est plus cotonneux; cela tient à la charge de galle qu'elle a reçue. A cela près, elle a beaucoup d'analogie avec sa devancière, car la ressemblance de ces deux genres de teinture est presque complète ; mais la trame engallée a sur la trame souple **un résultat supérieur,** par le grossissement du brin, qui a été **gonflé** par la galle ; ce qui produit tout le rendement **en plus,** qui a été signalé dans cette description.

Dans l'analyse de la trame souple et de la trame cuite, on a fait voir la différence qui existe dans le rendement de deux parties de trame, ayant le même poids écru, et par conséquent la même longueur, et dont l'une est teinte **en cuit** et l'autre teinte **en souple** ; et cela, en donnant le poids de l'une et le poids de l'autre après la teinture. Ce qu'on a fait pour la trame souple doit être fait pour **la trame engallée,** afin de rendre plus saisissante la différence des deux teintures cuite et engallée.

Ainsi **un bout de trame** de 3,690 mètres de longueur de 26[d],

Pèsera en cuit		7 gr.	81	**en perdant** 25 p. 0/0;
—	**en engallé**	10	93	**en rendant** 5	—
—	—	11	45	—	10	—
—	—	11	97	—	15	—
—	—	12	49	—	20	—

DIFFÉRENCE DE RENDEMENT

Entre la Trame cuite et la Trame engallée.

La trame engallée en rendant 5 p. 0/0 rend 30 p. 0/0 de plus.

—	—	—	10	0/0	—	35	0/0	—
—	—	—	15	0/0	—	40	0/0	—
—	—	—	20	0/0	—	45	0/0	—

La description qui précède a été faite entre la soie cuite et la soie engallée; il convient de présenter également, **par des chiffres** et par comparaison, la différence du rendement de la trame **souple** avec celui de la trame **engallée.**

Les trames souples, qui perdent à la teinture de 5 p. 0/0 à 8 p. 0/0, ne peuvent pas être engallées; elle ne peuvent être **que souples,** parce qu'elles ont été destinées pour les **couleurs claires,** qui ne peuvent pas se teindre en engallées.

La trame souple, qui perd à la teinture de 1 p. 0/0 à 4 p. 0/0, **rendra,** si la nuance peut être teinte en engallée, de 11 p. 0/0 à 24 p. 0/0 **de plus** que la trame souple, tout en conservant presque le même toucher dans certaines étoffes, qui sont couvertes par la chaîne, et dont le principal effet est de donner **un gros grain,** qui n'aurait pas été obtenu, avec la même longueur de trame, et pour le même prix, si l'étoffe eût été **tramée souple.**

LA TEINTURE DES TRAMES SOUPLES

Blanc, Rose et Ciel.

La teinture des trames souples en **blanc, rose et ciel** est une teinture exceptionnelle; ces trois nuances, pour être belles, ne peuvent se teindre qu'avec de la soie **en grès blanc.** Le grès blanc, étant une exception, a quelquefois l'inconvénient d'être très rare sur la place de **Lyon**, et les manufacturiers, quand ils ont des commandes pressées, sont obligés d'attendre qu'il soit arrivé, pour pouvoir mettre les nuances à la teinture. Pour obvier à cette pénurie, qui retardait la livraison des commissions, les teinturiers cherchèrent le moyen de teindre ces trois nuances **avec du grès jaune.**

Les teinturiers, après différents essais, reconnurent qu'il était nécessaire, pour teindre ces trois nuances, que la soie fût **d'un jaune doré.** Par ce nouveau procédé, on obtient **un blanc passable**, mais qui sera toujours inférieur à celui d'une soie teinte **avec un beau grès blanc** ; et, quand bien même la teinture en serait aussi belle que celle qui est teinte avec un grès blanc, elle a contre elle deux choses :

1° Le prix de la teinture du grès jaune revient de 7 à 8 francs le kilogramme ;

2° La teinture du grès jaune demande 12 à 14 jours pour teindre les couleurs de blanc, rose et ciel.

Ces deux raisons étaient suffisantes, jointes à celle d'avoir des nuances **moins belles**, pour que la teinture du grès jaune fût entièrement abandonnée, et pour qu'on laissât la teinture **du blanc, rose et ciel, au grès blanc**, qui a l'avantage de produire des nuances plus belles, à plus bas prix, et dans un délai de 8 jours.

Quand on emploie **le grès blanc**, pour teindre les délicates couleurs **de blanc, rose et ciel**, il faut que le grès soit d'un **beau blanc** ; car plus le grès sera blanc, plus les nuances seront fraîches et pures, si elles ont été bien dépouillées **au décreusage** ; si, au contraire, le grès est d'un **blanc gris**, malgré les efforts du teinturier, jamais les nuances **blanc, rose et ciel**, quand même elles seraient bien dépouillées, ne seront aussi belles et aussi fraîches que les nuances qui auront été teintes **avec un beau grès blanc**. Ce qui prouve que la belle provenance de la soie est pour beaucoup dans l'éclat et la fraîcheur des trois nuances précitées.

Dans l'opération **du décreusage**, malgré les soins du teinturier, il se trouve quelquefois dans une partie de trame **des plaques rèches**, que le décreusage n'a pas pu enlever ; ces plaques ont sur la pantine une longueur de 2 à 3 centimètres, et sont placées sur un nombre de brins indéterminé. **Ces plaques rèches** ne se rencontrent que dans le décreusage des soies souples; les soies cuites et engallées n'ont presque jamais ce défaut; aussi, quand les metteuses en mains des teinturiers mettent en pantines **ces trois nuances**, regardent-elles avec attention, avant de nouer les pantines, si elles n'ont pas **de plaques rèches**; celles qu'elles trouvent sont mises à part, pour être rendues au manufacturier, séparément de la partie de trame dont elles faisaient partie. Ce dernier fait reteindre les pantines livrées, dans une couleur ordinaire moins délicate que les couleurs **blanc, rose et ciel,** auxquelles elles avaient été d'abord destinées.

Malgré l'attention soutenue **des metteuses en mains,** chargées de mettre en pantines les soies teintes, **les petites plaques** leur échappent quelquefois; ces pantines plaquées restent confondues dans la partie de trame, et, si elles n'ont pas été aperçues par la dévideuse de trame, quand elle **trafusait la soie,** l'ouvrier tisseur peut fort bien les employer. Si celui-ci n'a pas le soin de les lever au fur et mesure qu'elles apparaissent, chaque bout de trame de plaques rèches, malheureusement tissé dans un **taffetas** ou dans un **gros de Naples** tramé 2 ou 3 bouts, produit l'effet **d'un fil de lin** qui a été tramé, ou bien encore donne à peu près à la trame l'aspect **d'une trame chinée.**

Quand une pièce d'étoffe a le désavantage de présenter de distance en distance **cette défectuosité,** on peut être certain que l'on sera forcé de faire une grande perte, pour trouver à la vendre.

Pour éviter **ce grave défaut,** il est urgent d'en faire la recommandation expresse au teinturier d'abord, à l'ouvrier tisseur ensuite. Celui-ci recommande sa trame à la dévideuse, et, comme tout ouvrier, qui a l'habitude **de tisser les couleurs claires,** ne peut être **qu'un ouvrier intelligent,** qui connaît le défaut qui peut se rencontrer dans la trame, il est plus que probable que la pièce rentrera fabriquée sans ce défaut, quand même la trame **l'aurait eu.**

LA TEINTURE DES ORGANSINS CRUS

Et des Trames crues et gros noir.

La teinture **de la soie crue** a dû être la première teinture que la soie a reçue, parce que cette teinture est simple et naturelle, la soie crue n'ayant besoin d'aucune préparation avant d'être teinte. Cette teinture, qu'on peut appeler **primitive**, a donc été dans les premiers temps, malgré son imperfection, la seule employée dans le tissage des divers genres d'étoffes qui se fabriquaient alors, jusqu'à l'arrivée de la belle teinture **de la soie cuite.** Celle-ci, étant moins rèche que la soie crue, plus flexible au tissage, par conséquent plus élastique au travail, et par dessus tout possédant **un brillant éclatant**, devait nécessairement obtenir la faveur de tisser toutes les étoffes, que tissait **la soie crue** avant son apparition.

La soie crue est employée à la fabrication **des étoffes de velours** ; en effet, la toile de ce dernier doit toujours être **en soie crue** pour avoir la résistance et la force que ne peut lui donner la soie cuite. Cela est indispensable pour donner à cette fabrication la qualité, la fermeté et un excellent toucher. Il y a aussi des velours **qui sont tramés cru.**

L'organsin et la trame crus sont encore employés dans divers genres d'étoffes, qu'il est inutile d'énumérer dans cette description, pour faire comprendre leur utilité.

La trame teinte **en gros noir** est une trame crue qui est trempée tout simplement **dans un bain de galle :** ce fut le premier progrès de la teinture ; les teinturiers ignoraient encore à cette époque reculée **l'art de cuire la soie.**

LA TEINTURE DES ORGANSINS SOUPLES

Et Cuits engallés.

L'importante découverte de la teinture **des soies souples et cuites engallées** est cause que les manufacturiers peuvent fabriquer des étoffes d'une certaine force, **à des prix très réduits,** qu'ils n'auraient pas pu faire avec l'organsin cuit perdant 25 p. 0/0 à la teinture; en effet, avec la petite quantité de chaîne employée dans les étoffes **dont l'organsin est souple ou cuit engallé**, l'étoffe n'aurait eu ni assez de force ni assez de consistance pour pouvoir être portée; tandis qu'avec la teinture souple ou cuite engallée, **le brin, étant plus gros,** tient, par ce fait, une place plus grande dans la structure de l'étoffe tissée, et procure, par cela même, **une économie d'autant plus grande,** qu'on aurait été obligé de mettre un nombre **de fils de chaîne** beaucoup plus considérable que celui employé par la soie souple ou cuite engallée, si la soie organsin eût été cuite perdant 25 p. 0/0.

La teinture des organsins **souples et cuits engallés** ne fait perdre à la soie à peu près que de 5 à 10 p. 0/0, ce qui donne un avantage de 20 à 15 p. 0/0 d'**économie** sur la soie cuite. Le brillant de l'organsin souple est le même que celui de la trame souple; le brillant de l'organsin cuit engallé est un **brillant mixte,** qui tient le milieu entre celui de la soie cuite et celui de la soie souple. Ces deux sortes de soies sont employées dans divers genres d'étoffes, mais principalement dans les étoffes à dispositions **écossaises et mille raies,** pour la consommation générale.

LA TEINTURE DES SOIES CUITES CHARGÉES.

La teinture **des soies cuites chargées** est récente, elle date de 1850. Elle a été trouvée par les teinturiers **Paret, Coron et Boucharat,** qui ont eu, par droit d'invention, le monopole de cette tein-

ture pendant quatre années ; mais la difficulté de conserver un se-
cret dans la teinture est cause que ce nouveau procédé **de teindre
la soie** est présentement connu de tous les teinturiers lyonnais ;
mais très peu réussissent **à teindre les soies chargées,** comme les
teinturiers qui ont fait cette intéressante découverte. Ce procédé a
l'avantage de pouvoir teindre toutes les couleurs, en y comprenant
même **les blanc, rose et ciel,** tout en ne leur faisant perdre à la
teinture que de 10 à 12 p. 0/0 au plus.

Les beaux résultats de cette importante teinture sont obtenus par
l'emploi **de la galle de Chine,** qui a la propriété d'engaller la soie
avec délicatesse, tout en lui conservant **le même brillant** que celui
de la soie cuite, qui perd 25 p. 0/0, mais qui par cette perte **se pu-
rifie** de tous les ingrédients étrangers à la soie.

Les soies chargées sont craquantes au toucher (1), presque
toutes sans exception, puisqu'on est parvenu à teindre au craquant
même les soies **marron.** Ces soies peuvent très bien être employées
dans toutes les étoffes qui ne doivent avoir qu'une durée limitée.

BRILLANTS DES SOIES TEINTES

Dans les diverses Teintures.

La soie **crue** est rêche et terne.

La soie **gros noir** est terne.

La soie **cuite** a un brillant éclatant.

La soie **souple** a un léger brillant.

La soie **engallée** a presque le même brillant que la soie souple.

La soie **cuite engallée** a un brillant **mixte,** qui tient le milieu
entre celui de la soie souple et celui de la soie cuite.

La soie **cuite chargée** a un brillant **presque** égal à celui de la
soie cuite.

(1) Les soies craquantes ont sur les autres l'avantage de donner à l'étoffe un
toucher et une qualité supérieurs.

ÉTIRAGE DES SOIES.

L'étirage des soies est une opération qui se fait chez les teinturiers : ils ont pour cela un appareil particulier qui est très simple ; il est monté dans un fort bâti sur 4 pieds solidement construits, où sont adaptés **deux gros rouleaux en fer**, de 10 centimètres de diamètre.

Pour opérer, on passe la soie dans les deux rouleaux, et on l'y étend avec régularité ; puis on met en mouvement le mécanisme ; aussitôt **les deux rouleaux** se retirent lentement et uniformément l'un de l'autre ; cette retraite allonge nécessairement la soie de l'espace que les deux rouleaux ont parcouru. Ce travail ne se fait que quand la soie est teinte.

La soie étirée acquiert un grand brillant et un grand éclat ; mais, quand la soie est teinte **en blanc, rose et ciel**, elle paraît plombée à l'œil exercé à juger les nuances ; ce grand brillant est dû à l'aplatissement et à l'allongement du brin de la soie ; et, bien que celle-ci ait un peu **d'élasticité**, il faut que cette opération soit faite dans les bornes convenables, ou bien l'on aurait une soie qui ne pourrait pas s'employer. On peut sans inconvénient grave allonger les pantines de 2 à 3 centimètres **pour la soie cuite organsin ou trame** ; mais, si l'on dépasse cette longueur, dans la soie cuite surtout, on aura une soie tout énervée, toute défilée, et qui sera très difficile à dévider. L'étirage donne au brin de la soie un plus grand brillant, et en même temps 7 p. 0/0 de longueur en plus ; mais on n'obtient cela qu'au détriment de la force et de l'épaisseur du brin, qui est énervé par l'étirage ; aussi le brin d'une soie étirée est-il plus duveteux que celui d'une soie qui ne l'a pas été.

Les soies **organsin et trame**, qui sont teintes **en noir**, sont étirées ; elles ont, après l'étirage, un brillant extraordinaire, qui est sans comparaison avec celui de la soie noire qui n'a pas été étirée.

Les trames **gros noir** sont étirées ; mais le brin, ayant pris à la teinture de la force et de l'épaisseur, peut sans inconvénient s'allonger de 1 à 2 centimètres de plus que celui de la soie cuite.

OBSERVATION.

L'étirage est une opération factice et qui est contre la nature même de la soie. On emploie l'étirage des soies dans les étoffes **à prix réduits,** pour la grande consommation; mais, il ne doit pas être employé dans les étoffes riches et élégantes, parce que l'organsin et la trame doivent rester dans leur même longueur et dans toute leur force, et par conséquent ne doivent pas être étirés; leur brin ne doit être **ni tourmenté, ni éreinté** : car, ce qui rend d'un côté est perdu de l'autre; et de plus, l'étirage remplit le brin d'une quantité innombrable de parcelles **de brins rompus** imperceptibles à l'œil nu, sans que pour cela le brin principal soit rompu.

ORDRE INTÉRIEUR.

Aussitôt que les soies ont été envoyées à la teinture, l'employé, chargé de la réception des soies teintes, doit préparer immédiatement les étiquettes indicatives de toutes les parties de soie qui sont à la teinture, pour que, quand elles rentreront teintes, elles soient pesées et reconnues avec célérité. L'étiquette étant préparée d'avance, l'employé n'a plus qu'à y inscrire le poids que la soie a rendu à sa sortie de la teinture; sans cette précaution, il resterait un temps illimité pour faire ce travail; or, l'économie du temps est une chose précieuse dans l'intérieur d'une manufacture : l'employé actif et intelligent doit toujours chercher cette économie.

L'étiquette de l'organsin est longue; elle doit être placée à une **pantine de la première main à gauche du paquet.** Pour entrer l'étiquette, on ouvre le nœud de la pantine, et, pour éviter que l'étiquette puisse s'échapper, on fait un pli avant de l'entrer dans le nœud; on serre ensuite le nœud, et l'étiquette est placée.

FIGURE DE L'ÉTIQUETTE D'UNE PARTIE ORGANSIN

Avant sa rentrée de Teinture (1).

Organsin 40/1/24 — PARET 2 7ᵇʳᵉ 1855 1290	**10. Organsin napoléon, cuit.**
	Pʳ 1 p. 55 p. doubles, mètres 55. Pʳ taffetas doubles, larg. 60 c. Tᵐᵉ 4 bᵗˢ cuit émeraude.

FIGURE DE L'ÉTIQUETTE D'UNE PARTIE ORGANSIN

Après sa rentrée de Teinture (2).

Organsin 40/1/24 — PARET 2 7ᵇʳᵉ 1855 1290	**10. Organsin napoléon, cuit, 970.**
	Pʳ 1 p. 55 p. doubles, mètres 55. Pʳ taffetas doubles, larg. 60 c. Tᵐᵉ 4 bᵗˢ cuit émeraude.

L'étiquette **de la trame** est différente de celle de l'organsin. Sa forme est un carré long de 12 centimètres de largeur sur 16 centimètres de hauteur; vers le haut, elle a **un trou rond** pour livrer passage au lien ou à la pantine, qui attachera le paquet de trame.

(1) Le poids n'étant pas connu, l'étiquette n'a pas le poids cuit.
(2) Le poids étant connu, l'étiquette a le poids cuit.

La description de la forme des étiquettes paraîtra peut-être puérile ; mais, je ne l'ai pas moins donnée, pour éviter aux débutants la peine de la demander à n'importe qui.

FIGURE DE L'ÉTIQUETTE D'UNE PARTIE TRAME

Avant sa rentrée de Teinture.

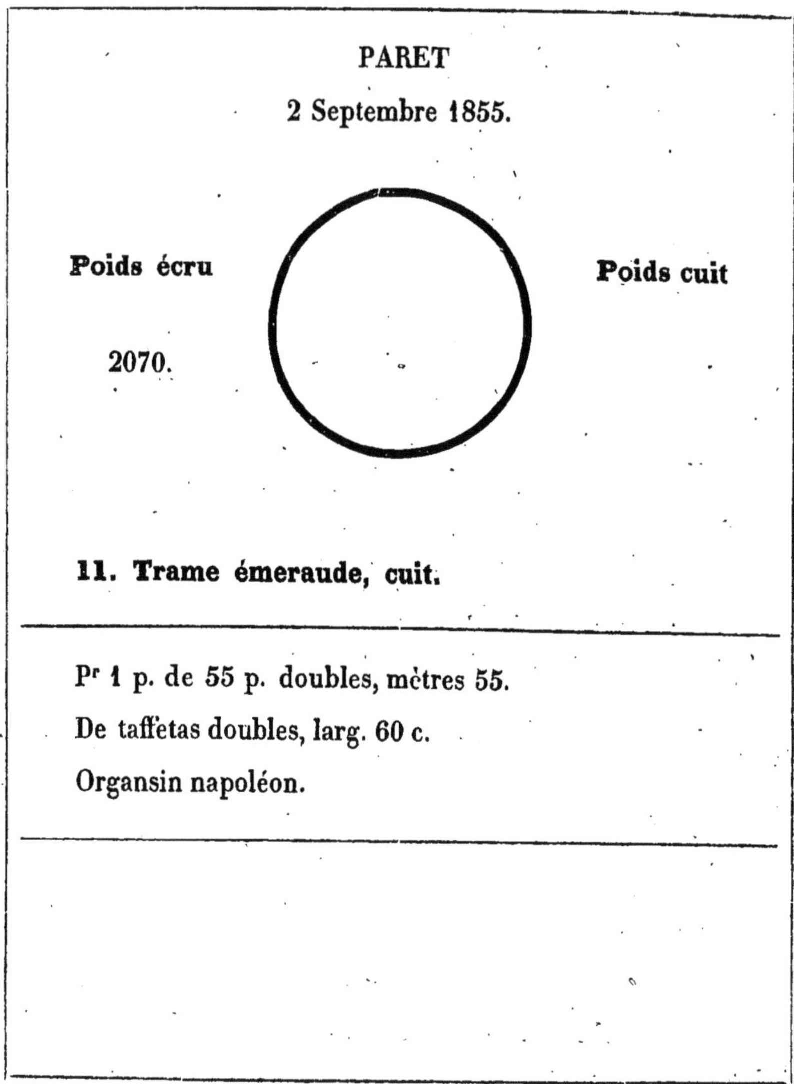

FIGURE DE L'ÉTIQUETTE D'UNE PARTIE TRAME

Après sa rentrée de Teinture (1).

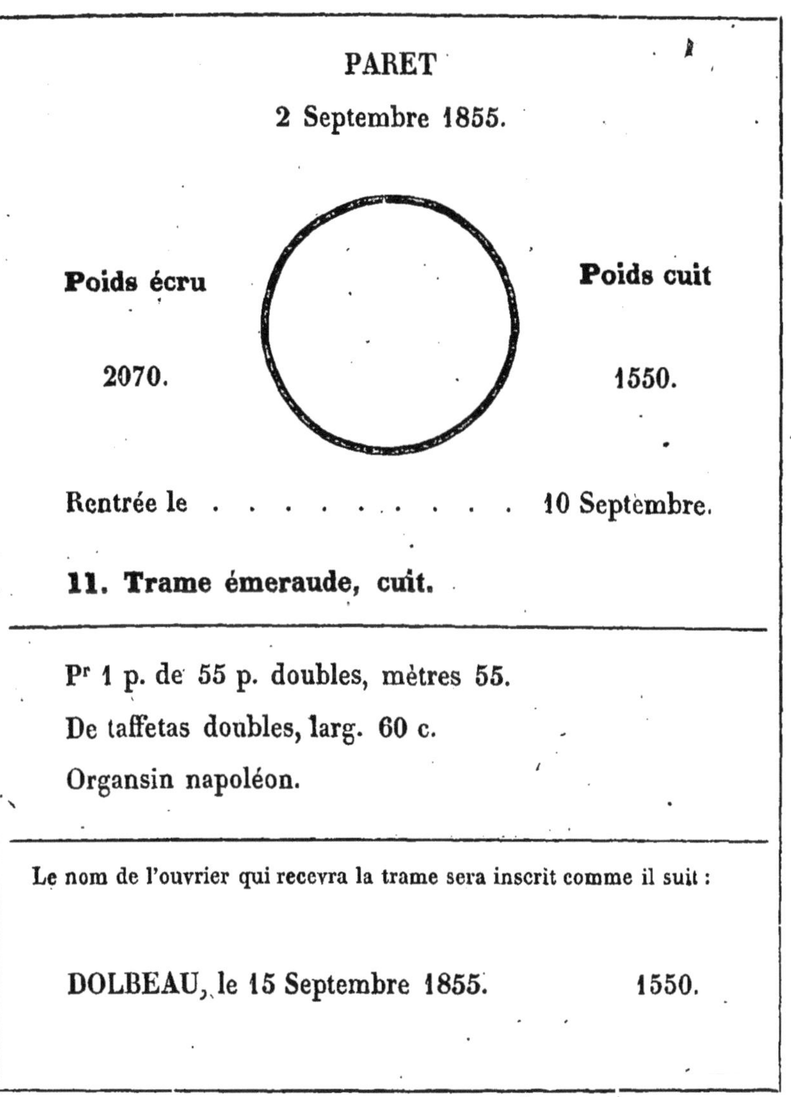

(1) Pour les étiquettes de trame, même observation qu'aux étiquettes de l'organsin.

DÉVIDAGE DE L'ORGANSIN.

L'organsin étant en flottes, on est obligé pour l'employer de mettre la soie **sur des roquets** : c'est ce qu'on appelle **dévider la soie**.

Le dévidage est la deuxième opération après le mettage en mains ; il est nécessaire pour l'ourdissage.

L'employé, chargé de mettre la soie au dévidage, commence par peser la soie **séparément** ; puis il compte les roquets. Il faut, **par main de soie**, 2 comptes de roquets : chaque compte de roquets se compose de 4 roquets ; ainsi, pour un paquet de soie **de 20 mains**, il faut 40 comptes ou 160 roquets. Quand les roquets sont comptés et pesés, l'employé inscrit le poids de la soie, ainsi que le poids des roquets ; ces deux poids, séparés, sont portés **sur le livre de dévidage du magasin.**

Lorsque la dévideuse rend la soie dévidée sur les roquets qui lui ont été remis, l'employé pèse tous les roquets **pleins ou vides**, pour reconnaître si elle rend le même poids qui lui a été donné. Dans le cas, qui est heureusement très rare parmi les dévideuses d'organsins, où l'ouvrière aurait chargé la soie ou les roquets par des moyens illicites, et que, sans rendre toute la soie, elle rendrait **un poids en apparence égal** à celui qu'elle a reçu ; dans ce cas, dis-je, on reconnaîtra la fraude, quand la soie aura ourdi la pièce et qu'on aura pesé celle-ci.

Il y a des manufactures qui ne pèsent ni ne comptent les roquets aux dévideuses ; on pèse seulement la soie, et la vérité apparaît quand les pièces sont rentrées de l'ourdissage. Les plus grandes manufactures **de Lyon** agissent ainsi ; si les manufacturiers, qui ne pèsent pas les roquets, n'avaient pas le moyen de reconnaître **le compte et le poids de la soie**, ils ne continueraient certainement pas à remettre les roquets aux dévideuses sans les peser ; mais l'ourdissage, ce grand **vérificateur du poids et de la longueur**, leur fournit la preuve si toute la soie donnée aux dévideuses est entièrement rentrée.

La probité des ouvrières ayant été reconnue, on économise des employés et un temps très précieux, par le travail supprimé du comptage des roquets.

Lorsque la soie a été dévidée sur des roquets, elle doit être **tran-cannée**, et plutôt deux fois qu'une : **trancanner**, c'est mettre la soie du roquet qui l'a dévidée, **sur un autre roquet**, pour que le brin puisse se dérouler à l'ourdissage d'un bout à l'autre bout, sans être arrêté par rien, ni par bague ni par bout rompu.

Le moyen de reconnaître **un roquet trancanné** d'avec un **qui ne l'est pas**, est très simple; il consiste **dans le toucher** : le roquet trancanné pressé dans l'intérieur de la main est flexible, tandis que l'autre est dur, quand il reçoit la même pression.

Dans toutes les manipulations, où la soie est obligée de passer , il y a naturellement **un déchet**; le dévidage et la manipulation de la teinture en ont un qui est plus ou moins fort, selon la qualité et la finesse du brin, et le corrosif de la couleur employée.

Lorsque l'on met en dévidage une partie organsin, on inscrit aussitôt sur l'étiquette indicative, mise à la partie organsin à sa rentrée de teinture, **le nom de la dévideuse** qui doit dévider cette partie organsin; l'étiquette reste au magasin, et, quand la soie rentre dévidée, on la replace à la partie de soie dans l'intérieur d'un roquet.

FIGURE DE L'ÉTIQUETTE D'UNE PARTIE ORGANSIN

Qui a été mise en Dévidage (1).

Organsin 40/1/24	**10. Organsin napoléon, cuit, 970.**
—	P^r 1 p. 55 p. doubles, mètres 55.
PARET	P^r taffetas doubles , larg. 60 c.
2 7bre 1855	T^{mé} 4 b^{ts} cuit, émeraude.
1290	Dévideuse : RAVEL.

(1) Cette étiquette est la même que celle qui a été faite lorsque la partie d'organsin a été mise à la teinture ; elle porte le poids rentré de teinture et le nom de la dévideuse qui dévidera la partie organsin.

OURDISSAGE D'UNE PIÈCE

Dont tous les fils de la chaîne sont d'une seule couleur.

L'opération, qui suit le dévidage de la soie, est celle de **l'ourdissage** : opération indispensable pour le tissage des étoffes.

L'ourdissage consiste à assembler un certain nombre de fils de longueur déterminée, pour en faire **une chaîne ou pièce.**

On désire ourdir une pièce **de 55 portées doubles** ou 4,400 fils, ayant **55 mètres de longueur**; on remet la partie d'organsin à l'ourdisseuse avec la disposition où sont indiqués la qualité de la soie qui doit ourdir la pièce, le nombre de portées et le nombre de mètres; l'ourdisseuse **garnit sa cantre** avec les roquets de la partie organsin indiquée sur la disposition. Celle-ci est écrite dans l'ordre représenté **dans la figure A.**

DISPOSITION DE L'OURDISSAGE.

2000	10. Organsin napoléon, cuit, 970.
Org. 40/1/24	55 p. doubles, mètres 55, $^{\text{chev.}}$ 300.
PARET	P^r 1 p. taffetas doubles, larg. 60 c.
2 7bre 1855	T^{mé} 4 b^{ts} cuit, émeraude.
1290	100 coups au pouce
	ou 36 au centimètre. Figure A.

La figure A représente la disposition de l'ourdissage avant que la pièce ne soit ourdie.

DESCRIPTION DE LA DISPOSITION.

Le numéro **2,000** représente **le numéro d'ordre** des teintures de chaque partie d'organsin, qui sont relevées du livre de teinture, pour être transcrites sur le livre de l'ourdissage ; c'est sur ce livre que sont portées, dans le même ordre que sur le livre de teinture, toutes les pièces qui doivent être ourdies pour la manufacture ; si la partie organsin contient plusieurs pièces, **4 pièces** par exemple de 55 portées doubles et de 55 mètres de longueur, les 4 pièces porteront le même numéro **2,000**, mais avec des **lettres A, B, C, D,** dans l'ordre suivant :

La première pièce ourdie portera   le numéro **2,000/A** ;
La deuxième —   —   —   le numéro **2,000/B** ;
La troisième —   —   —   le numéro **2,000/C** ;
La quatrième —   —   —   le numéro **2,000/D**.

Ainsi de suite, et, si la partie a **20 pièces ou 50 pièces,** elles devront toutes porter le même numéro d'ordre, mais avec une autre lettre.

40 représente **le numéro d'ordre** du livre des ballots ;
1 représente **le choix** de la metteuse en mains, le fin ou 1 nœud ;
24 représente **le titre** de l'organsin ;
2 septembre 1855, représente **la date** de la mise en teinture ;
PARET représente **le nom** du teinturier ;
1,290 représente **le poids** de l'organsin mis à la teinture ;
10 représente **le nombre de mains** ;
970 représente **le poids cuit,** rentré de la teinture ;
55 représente **le nombre de portées** ou quantité de fils ;
55 représente **le nombre de mètres** en longueur. Le reste s'explique de lui-même.

Quand la pièce est ourdie, l'ourdisseuse la lève de dessus l'ourdissoir. Pour cela il y a deux manières : la plus ancienne est de lever la pièce **en chaînettes,** on s'en sert encore aujourd'hui pour les pièces qui sont **chaînes simples** et qui ne dépassent pas **40 portées et 55 mètres de longueur.**

Les chaînes simples, qui ont **de 80 à 200 portées,** doivent être levées **sur cheville ;** les chaînes doubles sont presque toujours levées également **sur cheville,** surtout quand elles ont **de 40 à 100 portées** doubles, avec une longueur **de 100 à 180 mètres.**

Quand la pièce est levée de dessus l'ourdissoir, l'ourdisseuse apporte la pièce avec la disposition au magasin ; l'employé **pèse la pièce,** inscrit sur la disposition le poids qu'elle a avec la cheville, et fait la soustraction du poids de la cheville du poids brut ; il connaît alors **le poids réel** de la pièce ; il inscrit ce poids sur la disposition de l'ourdissage, comme il est représenté **dans la figure B.**

DISPOSITION DE L'OURDISSAGE

Quand la pièce a été ourdie et pesée.

(Même étiquette qu'à la figure A.)

2000	10. Organsin napoléon, cuit, 970.		
Org. 40/1/24	Poids brut 1270		
	55 p. doubles, m. 55, chev. . . 300		
PARET	Pr 1 p. Taf., larg. 60 c., pds net . 970	50	
2 7bre 1855	Tmé 4 bouts, cuit émeraude. 470	19 2/5	
	100 coups au pouce 20		
1290	ou 36 au centimètre.		
	Figure B.		

La figure B représente la disposition de l'ourdissage, après que la pièce a été ourdie et pesée.

DESCRIPTION DE LA DISPOSITION.

Quand la pièce a été descendue de l'ourdissage, et qu'elle a été pesée, on a inscrit sur la disposition de l'ourdissage **le poids brut** de la pièce avec la cheville sur laquelle a été levée la pièce ; comme ces poids n'ont pas encore été donnés, en voici la description :

1270 représente **le poids brut** de la pièce avec la cheville ;

300 représente **le poids** de la cheville ;

970 représente **le poids net** de la pièce ;

50 représente **le nombre de mètres** que la pièce rendra quand elle sera fabriquée (1) ;

19 2/5 représente **le poids du mètre** de l'organsin quand la pièce sera fabriquée.

DISPOSITION DE L'OURDISSAGE

Après la remise de la Pièce à l'ouvrier tisseur.

Même étiquette qu'aux figures A, B.

2000	**10. Organsin napoléon, cuit, 970.**		
	Poids brut 1270		
Org. 40/1/24	55 p. doubles. m. 55, chev. . . 300		
PARET	Pr 1 p. Taf., larg. 60 c., pds net . 970	50	
	Tmé 4 bouts, cuit émeraude. 470	19 2/5	
2 7bre 1855	100 coups au pouce 20		
1290	ou 36 au centimètre.	Fig. C.	
	DOLBEAU, le 15 sept. 1855. — 2 roq. 1300.		

La figure C représente la disposition de l'ourdissage après la remise de la pièce à l'ouvrier tisseur. On inscrit le nom de ce dernier sur le livre de l'ourdissage et sur le grand livre des pièces à fabriquer.

(1) Dans la fabrication du taffetas, gros de Naples et poult de soie, la chaîne perd en longueur 10 p. 0/0.

DESCRIPTION DE LA DISPOSITION.

Lorsque l'on donne la pièce à l'ouvrier tisseur, on lui ajoute **deux roquets** d'organsin, de même soie et de même nuance que celles de la pièce, pour remonder la chaîne et changer **les fils défilés ou grosses côtes,** qui sont ordinairement dans les organsins des soies courantes et quelquefois dans les organsins de première marque, parce que ces fils, qui ne sont pas unis, ne résisteraient pas au passage **du remisse ou des maillons,** et encore bien moins au va-et-vient du peigne, qui à son siége **dans la médée** ; les deux roquets que l'on donne en plus à l'ouvrier tisseur sont appelés **roquets de jointe.** La pièce est pesée à l'ouvrier avec les deux roquets, et le poids est inscrit sur la disposition de l'ourdissage, dans l'ordre représenté par **la figure C.**

On a inscrit à la figure C :

Le nom de l'ouvrier tisseur **Dolbeau** ;
La date du jour où la pièce lui a été remise ;
1300 représente le poids de la pièce avec les 2 roquets.

OURDISSAGE D'UNE PIÈCE

Rayée, Ecossaise ou Ombrée.

On donne à part à l'ourdisseuse **la disposition rayée, écossaise ou ombrée** contenant, par parties détachées, le dénombrement des nuances qui doivent former la pièce. Outre cette disposition particulière, la pièce doit toujours être suivie de la disposition générale indicative attachée à la pièce et faite d'après les modèles **des figures A, B, C,** qui représentent les trois phases, **avant, pendant et après,** où la pièce a passé.

Seulement, quand c'est une pièce rayée, écossaise ou ombrée, au lieu de mettre sur la disposition générale : **organsin napoléon, etc.,** on mettra : **organsins divers cuits,** parce que plusieurs nuances ont coopéré à ourdir la pièce.

DISPOSITION DE L'OURDISSAGE

D'une Pièce rayée.

20 fils doubles **noir,**
10 fils — **lilas,**
40 fils — **blanc,**
10 fils — **marron.**

80 fils doubles, répétés 55 fois, font 4400 fils ou 55 portées doubles.

La disposition d'une pièce rayée.représente toutes les autres dispositions de cette catégorie.

OURDISSAGE D'UNE PIÈCE PÉKIN.

Les étoffes qui sont fabriquées **à bandes unies** sont composées ordinairement **d'armures différentes :** une bande est en **satin,** l'autre en **taffetas,** et ainsi alternativement.

L'armure **satin** qui sera reproduite dans la bande du pékin sera ourdie séparément et formera **une pièce.**

L'armure **taffetas** qui sera reproduite dans l'autre bande du pékin sera ourdie aussi séparément, et formera **une autre pièce.**

On est obligé d'ourdir **ces deux armures** séparément, parce que l'embuvage des chaînes est en rapport avec le liage des fils, plus ou moins rapprochés.

L'armure taffetas, dont le fil lie tous **les 2 coups,** emboira beaucoup plus de chaîne que **l'armure satin,** dont le fil ne lie que tous **les 8 coups.**

L'armure **taffetas** emboit 10 p. 0/0 de chaîne;

L'armure **satin** emboit 1 p. 0/0 de chaîne.

La description des embuvages est trop simple pour ne pas être comprise. On est forcé, si l'on désire fabriquer une étoffe **à bandes,** de faire ourdir séparément les chaînes, et de placer chaque pièce **sur un rouleau séparé**; si on a 3 ou 4 embuvages différents dans la composition d'une étoffe, on est obligé **d'ourdir** autant de pièces que d'embuvages, et de les placer chacune sur un rouleau séparé.

L'ourdissage expliqué dans cette description est celui d'une étoffe **pékin,** composée, comme nous venons de le dire, de deux armures différentes, **taffetas et satin,** et placées chacune sur un rouleau séparé :

Une pièce pour le taffetas, pliée sur le rouleau numéro 1;

Une pièce pour le satin, pliée sur le rouleau numéro 2.

Chaque pièce, **satin et taffetas,** portera sa disposition particulière de l'ourdissage, et elles seront faites toutes les deux d'après les modèles **des figures A, B, C.**

DISPOSITION DE LA PIÈCE TAFFETAS.

2009/A	**80. Organsin noir minéral, cuit, 8540.**
Org. 42/1/27 VINDRY 10 7bre 1855 8500	27 p. 40 f. simples, mètres 55, chev. 400. Pr 1 p. Taffetas pr pékin, larg. 60 c. Tmé 4 bts cuit noir minéral. 100 coups au pouce ou 36 au centimètre. Sœur jumelle de 2010/A. Disposition 46.

DISPOSITION DE LA PIÈCE SATIN.

2010/A	150. Organsin noir minéral, cuit, 16500.
Org. 44/2/25 VINDRY 10 7bre 1855 16000	55 p. simples, mètres 51, ^{chev.} 350. P^r 1 p. satin p^r pékin, larg. 60 c. Sœur jumelle de 2009/A. Disposition 46.

La disposition de pékin représente toutes les autres dispositions de cette catégorie.

OURDISSAGE D'UNE CANTRE.

Lorsque, dans la composition d'une étoffe, **l'embuvage** des fils de la chaîne a dépassé **le nombre de 8 ou 10**, on est obligé de faire ourdir séparément tous les fils de la chaîne sur autant **de bobines** qu'il y a de découpures ou cordes représentant le dessin peint sur la mise en carte.

Chaque découpure ou corde ayant un embuvage différent, les créateurs du velours façonné se sont vus obligés de créer **la cantre** pour pouvoir tisser les étoffes **de velours coupé et frisé, etc.**

La description de l'ourdissage d'une cantre prouvera, de la manière la plus évidente, l'obligation forcée d'en agir ainsi.

La cantre est indispensable au velours façonné et autres étoffes précitées ; elle doit toujours se composer d'autant **de bobines** que le dessin a de cordes sur la mise en carte ; si cette dernière **a 200 cordes, la cantre** doit avoir **200 bobines**. Ainsi les 200 cordes de la mise en carte ont 200 découpures différentes ; en étoffes **velours,** les 200 cordes sont représentées **par 200 fils simples, doubles ou triples, etc.**, et, comme chaque découpure a un embuvage très irrégulier et indéterminé, on est donc obligé de faire ourdir séparément **les 200 fils** qui doivent reproduire le dessin peint sur la mise en carte, soit pour **velours frisé et coupé, soit pour peluches, etc.**

Pour produire la largeur de l'étoffe, **les 200 cordes** de la mise en carte sont répétées selon la dimension de l'étoffe que l'on désire fabriquer; si les 200 cordes sont répétées **10 fois**, elles sont empoutées **en 10 chemins**; comme chaque répétition de chemin **a le même embuvage**, on ourdira sur la même **bobine** autant de fils qu'il y a de répétitions ou chemins; ainsi dans cette description on a 10 chemins: **la bobine** aura 10 fils, **un fil** pour chaque chemin.

DISPOSITION DE L'OURDISSAGE D'UNE CANTRE.

2002	17. Organsin pensée, cuit, 2250.
Org. 44/2/25	200 bobines à 10 fils doubles, mètres 220.
PARET	P^r 1 poil velours façonné de 55 c.
5 8bre 1855	64 à 68 fers au pouce
3000	ou 23 à 24 fers au eentimètre.

DESCRIPTION DE LA CANTRE ET DE LA BOBINE.

La cantre se compose d'un plan incliné en forme de carré long, supporté par 4 ou 6 pieds; il est nécessaire que la cantre ait une forme inclinée, afin de faciliter le tirant des fils et l'échange des mauvais.

La cantre est placée sous la chaîne, qui est appelée **toile** en tissage.

La bobine est d'une forme élégante; elle a deux compartiments, **un** pour recevoir la soie, et **un autre** pour recevoir la corde à laquelle est pendue une petite charge en plomb, faisant l'office **de la bascule à besace**, afin qu'elle puisse tenir la soie tendue et la bobine prête à obéir à tous les commandements **de va-et-vient** qui sont indispensables dans cette fabrication.

REMETTAGE DE LA CANTRE.

Le remettage de la cantre se fait bobine par bobine, en commençant par la **première bobine à gauche.** Chaque fil de la bobine est placé dans chaque chemin du corps :

Le premier fil de la première bobine dans le premier chemin à gauche;

Le deuxième fil de la première bobine dans le deuxième chemin à gauche;

Le troisième fil de la première bobine dans le troisième chemin à gauche.

Ainsi de suite jusqu'au **dixième fil de la bobine,** qui est le dernier. Après la première bobine, on continue le remettage par la deuxième bobine, la troisième, etc.; enfin jusqu'au numéro 200 qui est la dernière bobine de la cantre.

OBSERVATION

Sur les divers Ourdissages.

Quelle que soit la complication des pièces que l'on aura à faire ourdir, elles dériveront toujours **des quatre principes d'ourdissage,** donnés dans cette description.

Les pièces **à fils doubles** ne doivent être ourdies que par **20 broches,** pour éviter les rayures appelées **musettes;** les 20 broches représentent **40 roquets ou 20 fils doubles.**

PLIAGE DES CHAINES.

Le pliage des chaînes sur les rouleaux est une opération qui est spécialement réservée **aux maîtres-ouvriers,** auxquels on a confié les pièces qu'ils doivent rendre tissées.

OBSERVATION GÉNÉRALE

Sur la Teinture, le Dévidage, l'Ourdissage et le Pliage des Pièces.

Il est inutile d'entrer dans aucune explication détaillée sur la manière **de teindre et de dévider la soie, d'ourdir les chaînes et de plier les pièces** ; voir fonctionner les appareils à l'aide desquels se font ces opérations, c'est la meilleure manière de comprendre et de se rappeler toutes les manipulations que la soie est obligée de subir pour être tissée.

LIVRE DES OUVRIERS TISSEURS.

Tous les maîtres-ouvriers qui coopèrent, chacun dans son genre de travail, à la fabrication des étoffes dans l'organisation lyonnaise, **travaillent à façons,** parce qu'ils sont tous indépendants des manufacturiers. Le manufacturier et l'ouvrier sont obligés dans l'intérêt commun d'avoir chacun un livre particulier portant un numéro d'ordre, pour y inscrire, **par doit et avoir,** toutes les matières soies ou autres que l'ouvrier a reçues et qu'il doit rendre **fabriquées ou en nature.** On ouvre encore deux autres comptes, **l'un pour l'argent et l'autre pour les ustensiles** qui lui ont été remis.

Lorsque, pour la première fois, le manufacturier remet une pièce à tisser **à un maître ouvrier,** il ouvre donc, sur le livre du tisseur ainsi que sur le livre de la manufacture, **trois comptes séparés :** un compte pour les matières, un pour la façon et l'argent, et un autre pour les ustensiles prêtés. Ces trois comptes sont ouverts dans le même ordre sur les deux livres.

Sur le livre du magasin on inscrira tout ce qui a rapport à la fabrication de l'étoffe qui a été notée sur la disposition de l'ourdissage.

Sur le livre du maître-ouvrier on n'inscrira que ce que l'ouvrier doit savoir, et rien de plus, parce qu'il est inutile qu'il sache une foule de détails qui lui sont indifférents et qui n'intéressent réellement que le manufacturier.

La première pièce donnée à l'ouvrier sera inscrite sur **la première page du livre par doit et avoir.**

Le compte de façons et d'argent sera inscrit sur la **deuxième page du livre par doit et avoir.**

Le compte d'ustensiles sera inscrit **sur la dernière page du livre,** également **par doit et avoir.**

Cette manière de placer les trois comptes précités sur le livre de l'ouvrier tisseur et sur celui de la manufacture, a un grand but de prudence.

La première pièce écrite doit naturellement être inscrite à la première page, cela doit être.

Le compte de façons et d'argent doit toujours être placé sur la deuxième page du livre, et cela pour deux raisons : premièrement pour éviter toute fraude, la feuille ne pourra pas être arrachée, parce que la pièce que l'ouvrier a rendue est inscrite sur cette page, derrière le compte d'argent; secondement pour avoir immédiatement sous la main le compte d'argent, ce qui est, dans les moments pressés, d'une grande utilité.

Le compte d'ustensiles doit toujours être placé à la dernière page du livre, parce qu'en enlevant celle-ci on enlèverait aussi la première page.

REMISSE A CHEMINS.

Le remisse à chemins est une disposition tout à fait exceptionnelle, particulière à un genre d'étoffe, et qui ne saurait être employée pour tout autre. **Ce remisse** ne travaille que peu de temps; il a la durée de la mode, et dure tout au plus une saison; aussi, à raison de ce fait, doit-il appartenir au manufacturier, qui le fournit au maître-ouvrier. A cet effet, il fait confectionner **le remisse à chemins** par une ouvrière que l'on appelle **lisseuse,** d'après la disposition qui doit servir à le faire, et dans les dimensions données pour fabriquer **l'étoffe pékin,** que le manufacturier a le désir de monter et de faire fabriquer.

Lorsque l'étoffe qu'il a aidé à fabriquer aura satisfait à la consom-

mation et à la mode, et que le caprice de la vente sera épuisé, le remisse à chemins **sera défait** par la lisseuse, et la soie qui a servi à
le faire sera réemployée pour en composer un autre qui aura le
même sort que le premier.

La disposition figurée dans cette description ne représente que
2 chemins ; celle que l'on donnera **à la lisseuse** doit être faite
dans la largeur et dans le nombre de chemins commandés.

DISPOSITION DES REMISSES DE L'ÉTOFFE PÉKIN.

8 lisses de 7 p. 68 m. chacune, à coulisse et à 15 chem. de 4 c. Largeur du remisse, 60 c.	368 mailles.		368 mailles.	
4 lisses de 6 p. 38 m. chacune, à coulisse et à 15 chem. de 4 c. Largeur du remisse, 60 c.		138 mailles.		138 mailles.

La formule de la disposition, que l'on remet à la lisseuse, doit
toujours être de même quant à la forme, mais elle variera à l'infini
selon la largeur des bandes, la réduction des mailles et le genre d'é-
toffes que le manufacturier désirera faire fabriquer.

Le chemin de la disposition que l'on a représentée se compose
d'une **bande de satin** et d'une **bande de taffetas**, chacune de 2 centimètres de largeur; les deux bandes représentent le chemin, qui a
donc 4 centimètres de largeur.

La bande de satin a 368 mailles, qui seront réparties sur les 8
lisses et dans la largeur de 2 centimètres.

La bande de taffetas a 138 mailles, qui seront réparties sur les
4 lisses et dans la largeur de 2 centimètres.

Le chemin a 4 centimètres, l'étoffe à fabriquer doit avoir 60 centimètres : il faut 15 chemins aux remisses pour faire la largeur de
l'étoffe demandée.

DISPOSITION A REMETTRE AU MAITRE-OUVRIER

Pour le montage d'une étoffe pékin.

Dans la fabrication **unie, taffetas ou satin**, il n'est pas nécessaire de remettre au maître-ouvrier une disposition écrite, parce qu'il connaît parfaitement le genre d'étoffe qu'il a à fabriquer; mais si l'on donne au maître-ouvrier une étoffe à bandes, **pékin ou autre**, on est obligé de lui remettre une disposition écrite, par rapport au remettage et à l'armure, ainsi qu'au nombre de dents et au nombre de fils que chaque bande doit avoir, dans le genre d'étoffe que l'on désire fabriquer.

DISPOSITION DU MONTAGE D'UN PÉKIN (1).

Remettage d'un Chemin.

2 c: **46 dents** à 8 fils simples font 368 f. remis **sur 8 l. n° 2.**

2 c. **46 dents** à 3 fils simples font 138 f. remis **sur 4 l. n° 1.**

4 c. **92 dents**, répétés 15 fois, font **1,380 dents.**

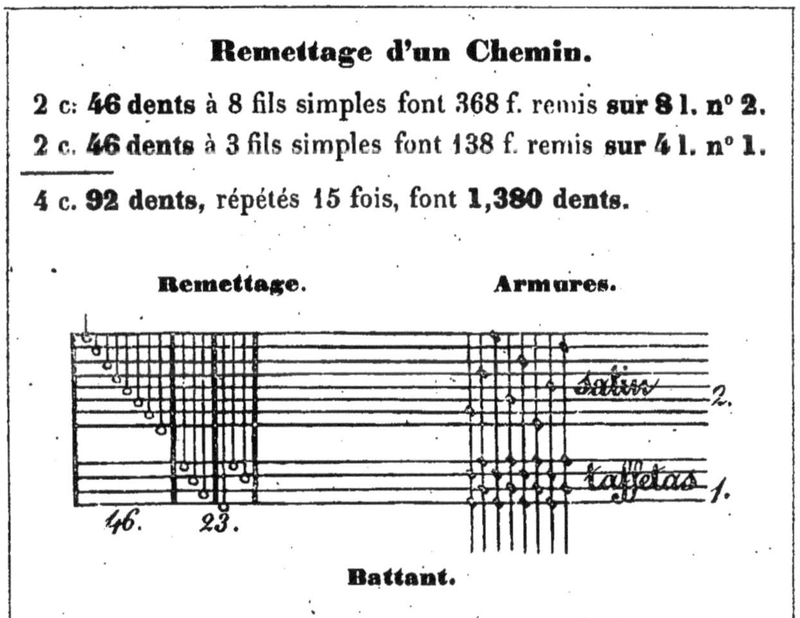

(1) La formule de la disposition que l'on doit remettre au maître-ouvrier représente toutes les autres dispositions de cette catégorie.

PIQUAGE EN PEIGNE.

Le piquage en peigne suit immédiatement le remettage ; cette opération est toujours faite **par la remetteuse** ; dès qu'elle a passé les fils dans les mailles des lisses ou dans des maillons, on s'occupe **de piquer le peigne.** Pour opérer, on entre dans l'intérieur des dents du peigne **une passette** qui a à l'une de ses extrémités **une petite coche** pour recevoir la soie, qui est toujours donnée par la remetteuse ; quant à la personne chargée d'entrer la passette dans le peigne, c'est presque toujours **le chef d'atelier.** Ces deux travaux, en effet, exigent, de part et d'autre, une attention soutenue : **la remetteuse** ne doit mettre dans la coche de la passette que le nombre voulu de fils ; **le chef d'atelier,** qui pique le peigne, ne doit pas faire **de dents doubles** ni en laisser **de vides,** parce qu'aussitôt cette erreur reconnue, on est obligé de **repiquer le peigne.**

Le peigne a une action puissante et considérable dans la fabrication des tissus ; c'est lui qui régularise les fils et la réduction des chaînes au gré du manufacturier ; c'est encore le peigne qui procure la largeur de l'étoffe, ainsi que l'enchâssement de la trame dans l'intérieur de la chaîne, en faisant **l'office de marteau.**

FAIRE TIRANT ET FAIRE TIRELLE.

Quand le peigne est piqué, **le chef d'atelier** s'occupe de desserrer, l'un après l'autre, **chaque berlin du peigne,** c'est-à-dire chaque petite partie de chaîne qui a été passée au peigne et nouée au fur et à mesure par le piqueur de peigne. Les berlins une fois défaits, le chef d'atelier **égalise avec une brosse** les fils de la chaîne ; puis il les noue à la même longueur par petites parties détachées, de manière à les ranger tous sur une même ligne droite, ce qui facilite leur égalisation quand l'ouvrier passe la baguette de fer, appelée **compasteur,** dans l'intérieur des berlins ; cette baguette de fer est retenue par les nœuds des berlins. Quand tous les nœuds ont été rangés sur une même ligne droite, on ajuste au compasteur de petites cordes appelées **égancettes** (1) pour atteindre la rainure du rouleau de devant; puis on entre dans cette rainure la verge des égancettes, qui y est elle-même maintenue par l'appui d'une deuxième. Les deux verges une fois fixées, **on tourne le rouleau,** et l'enrouleur maintient à l'instant même la tension que l'on veut avoir.

Malgré tous ces soins employés pour régulariser **la tension,** les fils de la chaîne sont encore irrégulièrement tendus. Pour obvier à cet inconvénient avant de commencer la pièce, on fait **une tirelle,** c'est-à-dire que l'on passe des coups de trame d'une manière tout exceptionnelle et n'ayant aucun rapport avec le travail ordinaire. Voici comment se fait ce travail : on passe un coup de trame, **on ferme le pas,** puis on fait agir le battant sur la trame ; cette action est forcée, parce que le battant frappe sur un coup isolé et que **le pas est fermé** ; ce pas parcourt une distance de 3 à 5 centimètres; dans sa marche **tous les fils lâches rebouclent sur la fassure.** On passe ainsi de 100 à 120 coups de trame **armure taffetas** en laissant toujours le pas fermé, et chaque coup de trame est réuni aux précédents **par plusieurs coups de battant réitérés.**

Quand la tirelle est terminée, **la chaîne** est à peu près égalisée, mais pas autant qu'elle doit l'être et qu'elle le sera quand elle aura tissé 1 mètre à 2 mètres d'étoffe.

PREMIER ÉCHANTILLON

Rendu par le Maître-Ouvrier.

Le premier échantillon d'une étoffe quelconque doit être rendu par le maître-ouvrier au manufacturier avant qu'il commence le **tissage de la pièce.** Cet échantillon ne doit être reçu par le manu-

---

(1) Les égancettes ne sont mises au compasteur que dans le but d'économiser la chaîne.

facturier que quand il est admirablement fabriqué; le chef de fabrique doit s'assurer d'abord si l'échantillon a la largeur, la qualité et la réduction demandées; ensuite il doit regarder sur l'échantillon **si le peigne** a été bien piqué; pour cela, il y a deux manières. **La première** consiste à mettre l'échantillon entre la clarté du jour et les yeux de l'observateur; les dents qui auront **un fil de moins** qu'elles ne doivent avoir seront reconnues par **une ligne claire**, et les dents qui auront **un fil de plus** seront reconnues également, mais par **une ligne noire**; enfin ces dents contrastent avec les dents qui sont régulièrement piquées. **La deuxième** manière consiste à tenir l'échantillon légèrement incliné entre les mains baissées à hauteur d'appui; dans cette position, l'observateur distinguera très bien **les dents fortes ou les dents faibles.** Ainsi donc on doit refuser un échantillon mal exécuté et obliger l'ouvrier à en refaire **un autre** qui ait toute la perfection demandée.

Le chef de fabrique doit être très rigide pour la réception **des échantillons**; il ne doit recevoir l'échantillon que quand **il est parfait,** parce qu'il doit être la représentation fidèle de la fabrication qui a été demandée par le commissionnaire, et le manufacturier doit faire son possible pour que la pièce soit admirablement fabriquée: pour obtenir ce résultat, il faut commencer par l'échantillon.

Avec un échantillon exécuté **dans la qualité et la réduction demandées,** le chef de fabrique peut être assuré que l'étoffe qui se fabriquera immédiatement après **sera identique** avec l'échantillon. Néanmoins l'employé chargé de visiter ce métier doit se rendre chez **le maître-ouvrier** le surlendemain du jour qu'on a rendu l'échantillon au magasin, afin qu'il puisse se rendre compte si l'étoffe qui se fabrique sur ce métier **est bien tissée comme main d'œuvre,** et si elle a la réduction et la qualité demandées.

Dans les étoffes unies, **l'échantillon** doit avoir 10 centimètres de hauteur avec de petits chefs au commencement et à la fin de l'échantillon; ils seront faits avec une trame blanche. Pour étoffes façonnées, la hauteur de l'échantillon n'a pas de limites, tout cela est réservé à la convenance.

Pour l'ordre des échantillons reçus, le chef de fabrique doit mettre **une étiquette** à la tête de chaque échantillon avec **le nom de** l'**ouvrier** qui l'a rendu; quand tous les échantillons de la journée ont été reçus, l'employé chargé de ce soin transcrit sur chaque étiquette, tout ce qui a été indiqué sur la disposition de l'ourdissage et inscrit sur le livre du magasin.

Quand tous les échantillons ont reçu leur **étiquette indicative**, on les place dans un carton fait exprès pour les recevoir, dans l'ordre reçu et dans la catégorie à laquelle ils appartiennent.

LA VISITE AUX OUVRIERS.

En général, **les étoffes** qui sont tissées dans tous les genres dans ce grand centre industriel, unique dans le monde, sont fabriquées dans des ateliers séparés, appartenant **aux maîtres-ouvriers.**

C'est cette réunion si grande et si intelligente de chefs d'ateliers qui contribue **à la gloire et au progrès** de notre belle industrie; ce sont eux qui apportent sans bruit et sans orgueil, dans le mécanisme et dans le montage des métiers, ainsi que dans l'exécution des étoffes, **de petites inventions ingénieuses** dans tous les genres et pour toutes les fabrications; inventions qui aident puissamment à fabriquer les créations des manufacturiers.

Ces ateliers sont composés de 1 à 6 métiers, quelquefois d'un plus grand nombre; ils sont tous agglomérés dans **la ville de Lyon,** ses faubourgs, sa banlieue, et même jusque dans les départements voisins.

Les maîtres-ouvriers travaillent **à façons,** et pour cette raison ils sont libres et indépendants du manufacturier, c'est-à-dire qu'ils ont la liberté et le choix de travailler pour tel ou tel manufacturier. Aussi l'ouvrier laborieux et intelligent est à peu près sûr d'avoir continuellement **de l'ouvrage à tisser,** soit chez les uns, soit chez les autres manufacturiers de la fabrique lyonnaise : ces derniers ne demandant pas mieux que d'occuper **de bons ouvriers,** dont ils peuvent être sûrs que les pièces rentreront fabriquées dans la dernière perfection et aux époques qu'ils auront eux-mêmes fixées.

La visite aux ouvriers est une chose nécessaire, je dirai même plus, extrêmement utile et indispensable, pour avoir une fabrication irréprochable, **comme toucher et qualité**; car, malgré la belle main-d'œuvre de l'ouvrier tisseur et l'intelligence du chef de l'atelier, les ouvriers ne peuvent pas savoir si l'étoffe qu'ils tissent **a le toucher et la qualité** recommandés au fabricant; ce dernier est donc obligé **de visiter ou de faire visiter l'étoffe** par des employés intelligents, dans tous les ateliers occupés par la manufacture. Sur une grande quantité de métiers, la manufacture aura toujours **des bons ouvriers, des médiocres et des incapables.**

La visite des ouvriers n'est utile, comme nous l'avons dit plus haut, que pour le toucher et la qualité de l'étoffe, ainsi que pour les défauts graves; quant au reste, la visite est insuffisante : si une pièce à tisser est entre les mains **d'un maître-ouvrier médiocre,** on aura une pièce médiocre; si le maître-ouvrier est encore **plus incapable,** on aura une pièce encore plus mal fabriquée, malgré les avis et les observations réitérées de l'employé visiteur, parce qu'il est impossible à ce dernier de donner à l'ouvrier le talent qui lui manque. Aussi, quand une pièce se trouve malheureusement placée chez un mauvais ouvrier, et surtout qu'elle est tissée **par le maître ou la maîtresse-ouvrière,** il n'y a pas possibilité de changer cet ouvrier; on est forcé de le supporter jusqu'à la fin de sa pièce, parce qu'on ne peut pas le renvoyer de chez lui et le faire sortir de dessus son métier, quitte à la manufacture de le renvoyer dès que sa pièce sera finie, **mais jusque-là, non.** Cependant on peut exiger de lui une autre fabrication, ou bien lui demander **qu'il laisse lever la pièce**; si l'ouvrier refuse, on demande l'autorisation aux prud'hommes : s'ils l'accordent, tout est dit; mais, si ces derniers la refusent, qu'en résultera-t-il? que la manufacture recevra une mauvaise pièce.

Si le visiteur veut avoir, ce qui n'est pas douteux, une pièce moins mal fabriquée, il ne doit employer envers ce mauvais ouvrier **que la douceur** : l'aigreur et la violence du langage que l'on tiendrait à son égard ne produiraient sur lui qu'un effet contraire à celui qu'on veut obtenir.

Quand une pièce est placée chez un maître et qu'elle est tissée **par un simple ouvrier ou une simple ouvrière,** on peut espérer qu'en changeant l'ouvrier, on aura une pièce mieux fabriquée; autrement, si elle est tissée par le maître ou la maîtresse-ouvrière, on peut être certain que la pièce que cet ouvrier rendra sera une mauvaise pièce.

Il est donc urgent, pour éviter les mauvaises pièces, de se renseigner autant que possible, avant de remettre une pièce à tisser à un ouvrier qui demande à travailler pour la manufacture. A cet effet, l'employé visiteur doit se rendre chez le nouveau maître pour reconnaître son domicile. Si l'examen est satisfaisant, c'est-à-dire si l'atelier est proprement tenu, le métier solidement monté, les harnais en bon état, en un mot si tout est irréprochable, la manufacture peut lui confier **une pièce,** parce qu'elle peut concevoir l'espérance d'avoir un bon ouvrier. La meilleure manière de se renseigner sur un ouvrier, c'est de voir la fabrication sur son métier, parce qu'alors **l'étoffe parle d'elle-même** ; mais, dans les cas pressés, où il y a disette de métiers libres, il est urgent d'avoir des indices pour reconnaître de suite si l'ouvrier qui est venu offrir son travail **est un bon ou mauvais ouvrier.**

Le moyen d'inspection que j'ai indiqué est très bon, parce que tout bon ouvrier **a de l'ordre,** à part quelques exceptions; au contraire, tout mauvais ouvrier **manque d'ordre** ; c'est inévitable : l'ordre avec le travail, le désordre avec la paresse, toujours à part les exceptions.

Quant aux rapports qui existent entre l'ouvrier et la manufacture, l'employé de celle-ci doit toujours être poli, sérieux, humain, **mais juste surtout** avec l'ouvrier ; quand on a promis une chose à un ouvrier, n'importe laquelle, on doit la lui donner, parce que l'ouvrier a cru à votre parole. **Le mieux encore c'est de ne rien promettre** ; et, quand la pièce est terminée, si les causes imprévues, qui se sont déclarées pendant la fabrication, sont réelles, et que la main-d'œuvre mérite **une bonification** en dehors du prix fixé, on doit lui accorder **ce surplus** sans attendre qu'il le demande lui-même. Cette conduite montrera à l'ouvrier la probité du manufacturier et lui inspirera de la confiance et du respect pour lui.

Lorsque l'équité règne dans une manufacture, on peut compter que l'ouvrier obéira, comme un enfant docile, à tous les ordres qui lui seront donnés, et qu'il fera tout ce qui dépendra de lui pour satisfaire la manufacture, et, quand celle-ci désirera monter des métiers, **tous les bons ouvriers** se présenteront.

Avec une conduite **loyale et juste**, d'un mauvais ouvrier on pourra peut-être faire un bon ouvrier ; d'un paresseux on pourra quelquefois faire un ouvrier laborieux ; on pourra même polir celui qui serait grossier et imparfait.

PLACEMENT DES PIÈCES.

Le chef de fabrique qui comprend l'importance du placement des pièces ne remet une pièce à tisser à un ouvrier que quand il est persuadé qu'elle sera entre de bonnes mains. Ce chef de fabrique préférera que la pièce **reste à tisser**, plutôt que de la donner à un ouvrier dont il n'aurait pas la conviction et la certitude que la pièce rentrera bien fabriquée.

Une mauvaise pièce n'a aucun prix : personne ne veut l'acheter ; on est obligé, pour la vendre, de la sacrifier, c'est-à-dire de la donner au prix que le premier acheteur veut bien **en offrir.** En bonne politique industrielle, si l'on peut s'exprimer ainsi, il vaut mieux qu'une pièce reste à fabriquer, plutôt que de la voir rentrer et surtout **vendre** dans les conditions que je viens de désigner ; c'est une perte qu'il faut toujours chercher à éviter, quand on a la responsabilité de la fabrication dans une manufacture.

La réputation d'une fabrique ne tient très souvent qu'à la grande réserve **du placement des pièces** et à la parfaite appréciation du chef de fabrique, chargé de la direction et de la fabrication générales de toutes les étoffes qui se fabriquent dans la manufacture ; c'est au discernement scrupuleux de ce chef de fabrique, qui sait avec un tact parfait reconnaître, avant de donner une pièce à tisser à un ouvrier inconnu, **s'il est capable ou non**, et qui n'a pour guides dans son appréciation, que son bon sens et son expérience des hommes, c'est à son discernement, dis-je, qu'est dû entièrement le succès de la manufacture. Si les autres chefs chargés de la vente sont à la hauteur de ce chef de fabrique, la manufacture se placera d'elle-même au premier rang entre toutes les autres.

Les maîtres-ouvriers d'une manufacture doivent être classés par catégories, selon la main-d'œuvre, les ustensiles et l'appartement habité :

La première catégorie est réservée pour les couleurs claires **blanc, paille, etc.**

La deuxième catégorie est réservée pour toutes **les autres nuances.**

Indépendamment de ces deux catégories, il y a encore celle des pièces exceptionnelles dont la soie **a été énervée** à la teinture par les acides employés. Telles sont les pièces teintes **marron, napoléon, etc.** Cette catégorie comprend **les meilleurs ouvriers** de la manufacture. C'est à ces ouvriers que le chef de fabrique **réserve les pièces difficiles et délicates à tisser.**

Après la catégorie des couleurs claires et celle des pièces énervées, il y a encore celle **des divers genres d'étoffes à fabriquer.** Ce sont, pour le chef de fabrique, des observations et des études à faire pour le classement **des mains-d'œuvre.**

LA VISITE DE L'ÉTOFFE SUR LE MÉTIER.

Le visiteur, pour ne pas perdre un temps précieux qu'il doit à d'autres métiers, doit s'assurer, **avant de dérouler l'étoffe fabriquée,** si la tension de la chaîne est convenable pour l'étoffe qui est présentement placée sur le métier. Si le visiteur trouve **que la chaîne** est trop chargée ou qu'elle ne l'est pas assez, il doit commander immédiatement au chef d'atelier de régulariser la charge de la bascule à la convenance de l'étoffe que l'ouvrier doit tisser.

Si le visiteur ne s'assurait pas de la tension de la chaîne **avant le déroulage,** il serait obligé, pour s'en assurer après, d'attendre que l'étoffe déroulée soit enroulée, et, comme la tension de la chaîne est beaucoup plus naturelle et régulière **avant qu'après le déroulage,** il convient, sous tous les rapports, que le déroulage de l'étoffe ne se fasse que quand la tension a été reconnue et régularisée. Ces considérations sont assez puissantes pour être strictement observées par l'employé visiteur.

Après que la tension a été vérifiée, l'employé visiteur, avant d'ordonner le déroulage de l'étoffe, doit regarder et s'assurer **si le battant** est d'aplomb, s'il frappe juste, et s'il est d'équerre avec le rouleau de devant. Cette inspection faite, l'ouvrier ou l'ouvrière déroule alors l'étoffe pour qu'elle puisse être examinée dans tous les sens. Si l'étoffe est convenablement fabriquée, le visiteur, après l'avoir attentivement regardée, **la palpe** avec délicatesse et légèreté, autant que possible, pour éviter de la froisser; si le toucher est convenable et si la qualité est bonne, le visiteur compte avec **la loupe** le nombre de coups qui est entré dans un quart de pouce, ou, ce qui serait infiniment mieux, compte la réduction dans un centimètre. Il annonce alors au maître-ouvrier et à l'ouvrier compagnon **la réduction trouvée,** en leur recommandant de bien la maintenir.

Dans le cas où le toucher et la qualité seraient **trop réduits,** il recommanderait à l'ouvrier de réduire **un peu moins;** il dirait le contraire, si l'étoffe n'était pas **assez réduite.**

Après avoir touché l'étoffe, le visiteur **la pliera en pointe de mouchoir**; pour opérer, on tient l'étoffe au milieu avec le pouce et l'index, et, élevant légèrement l'étoffe, on fait tomber la partie gauche en pointe; quand celle-ci est visitée, on fait tomber la partie droite également, pour la visiter comme la première. Cette manière de plier l'étoffe montre plus facilement à l'employé si l'étoffe **a ou n'a point de rayures,** pouvant provenir de différentes causes, soit par des fils de chaîne **trop gros ou doublés,** soit par des fils qui seraient **en plus** dans une dent du peigne, et par conséquent **en moins** dans une autre dent. Le premier défaut se distinguera par une **rayure noire,** et l'autre par une **rayure claire** (1).

L'employé visitera ensuite **les cannettes, la navette et la poin-**

---

(1) Comme il a été expliqué pour la réception du premier échantillon rendu par le maître-ouvrier.

tiselle, pour savoir si le tirant de la trame qui se déroule pour se tisser est convenable à l'étoffe qu'on exécute présentement sur le métier.

La cannette doit être **petite, courte, ronde, peu serrée et flexible au toucher** ; si la cannette est faite dans ces conditions, l'étoffe **sera tendue et unie comme une glace** ; si au contraire la cannette est longue, grosse et très serrée, on peut être certain d'avoir une étoffe qui ne sera pas tendue, et qui **se crispera** deux ou trois jours après avoir été enlevée du rouleau, lors même qu'elle aurait été enroulée de papier d'un bout de la pièce à l'autre bout.

Les cordons ou lisières, quand ils sont droits, **sans cochures et sans étranglures**, indiquent que les cannettes ont été faites dans les conditions voulues, et qu'elles ont produit ce qu'elles devaient naturellement produire : un bon résultat, une bonne fabrication.

RÈGLE GÉNÉRALE

Pour reconnaître à première vue sur un métier la bonne et la mauvaise fabrication.

L'étoffe bien fabriquée **doit être tendue en fassure**, sans attendre qu'elle ait passé sur le rouleau ; si elle est tendue en fassure quand **l'étoffe est déroulée**, on peut être certain que l'étoffe a été tissée dans toutes les conditions connues de la bonne fabrication.

Après avoir montré comment doit être l'étoffe bien fabriquée **quand elle est déroulée**, il faut indiquer aussi comment cette même étoffe **doit être en fassure** quand elle **est tirante**, comment elle doit être quand le métier fonctionne ; dans cette position, l'étoffe bien fabriquée **a la fassure bombée**, descendant aux extrémités par une pente légèrement inclinée jusqu'aux cordons qui suivent eux-mêmes cette pente.

Figure de la fassure convexe ou bombée.

L'étoffe **qui creuse en fassure** est une fabrication médiocre, qu'on ne doit pas laisser continuer sans chercher les causes et les moyens d'éviter cette défectuosité qui paralyse le bien fabriqué de cette étoffe ; on reconnaît facilement l'étoffe **à fassure creuse**, par elle-même d'abord, et par les cordons ensuite, qui font l'effet inverse de ceux de l'étoffe bombée.

Figure de la fassure concave ou creuse.

Le résultat est, qu'avec la même réduction de coups, avec la même trame et le même nombre de bouts employés, **l'étoffe à fassure bombée** aura une qualité admirable et un toucher qui accuse le bien fabriqué ; tandis que **l'étoffe à fassure creuse** aura pour le connaisseur une qualité et un toucher détestables, et un je ne sais quoi qui dénonce l'étoffe médiocrement fabriquée.

CONDUITE DE L'EMPLOYÉ VISITEUR

Chez les Maîtres-Ouvriers.

L'employé visiteur qui connaît son devoir doit faire **sa ronde tous les jours**, avec la plus grande célérité possible, sans perdre son temps nulle part. Si l'étoffe est bien fabriquée, il doit revoir le métier tous **les quatre ou cinq jours** ; si elle est médiocrement tissée, il doit y aller tous **les deux jours,** jusqu'à ce qu'elle soit un peu mieux fabriquée ; mais, si l'étoffe est horriblement faite, il doit y aller **tous les jours,** plutôt deux fois qu'une, jusqu'à ce qu'il **ait obtenu un changement notable dans la fabrication** ; si, malgré toutes ces démarches et toutes ces observations, il n'a rien obtenu auprès de cet ouvrier, l'employé visiteur, désespérant d'obtenir une amélioration sensible dans la fabrication, doit, pour mettre sa responsabilité à couvert, en prévenir **le chef de fabrique**, qui avisera lui-même s'il y a possibilité d'obtenir de cet ouvrier une fabrication autre que celle qu'il a faite jusqu'à présent.

L'employé visiteur, quand il est chez le maître-ouvrier, ne doit entrer avec lui dans aucune conversation ayant rapport **au prix de la façon**; si l'ouvrier fait une réclamation, il doit la faire au magasin et nullement chez lui; et quand même sa demande regarderait directement l'employé et qu'il pourrait **l'accorder à l'instant même**, il ne doit le faire sous aucun prétexte, parce que son temps, limité du reste, appartient **à tous les métiers** qu'il doit visiter dans la matinée, et qu'il ne doit pas le perdre en discussions personnelles. Nonobstant cette détermination arrêtée dans l'intérêt de la manufacture, le manufacturier **ne doit pas éviter ces discussions**; mais elles ne doivent pas se résoudre chez le maître-ouvrier, mais bien **s'éclaircir et se terminer au magasin.** La réponse de l'employé visiteur, à toute réclamation sur le prix de la façon, doit être celle-ci :

« Je ne m'occupe jamais des prix, quand je viens visiter l'étoffe
« chez vous; venez au magasin, là seulement nous discuterons, et,
« si votre demande est fondée, elle vous sera accordée. »

Quand cette réponse aura été répétée deux ou trois fois à divers ouvriers, ils ne se permettront plus de soulever cette discussion chez eux.

POLISSAGE DES PIÈCES.

L'ancienne fabrication ne passait le polissoir qu'aux étoffes **satin, sergé, etc.** Depuis 1830, le polissoir joue un grand rôle dans la fabrication; presque toutes les étoffes sont plus ou moins polissées. **Le taffetas, le gros de Naples, le poult de soie, etc., etc.,** toutes ces étoffes sont aujourd'hui polissées. Par son action sur l'étoffe, le polissoir donne au tissu un brillant et un toucher **doux et moelleux**, que l'ancienne fabrication ignorait entièrement.

Le manufacturier qui aurait osé, avant l'époque que j'ai rappelée, commander à un ouvrier tisseur **de passer le polissoir sur un taffetas**, aurait été, par l'absurde routine, ridiculisé par tous les gens du métier. Le progrès en toutes choses ne peut venir que très lentement, et je suis certain que le premier manufacturier, qui a eu l'heureuse idée de **faire polir un taffetas**, a été obligé, dans les premiers temps de sa découverte, de le faire polir dans son magasin, non par l'ouvrier qui avait tissé la pièce, **mais par un homme payé par lui** pour faire cette utile amélioration au taffetas fabriqué.

Le polissoir égalise et régularise les fils de la chaîne, ainsi que la réduction des coups; il évite aussi tous les interstices des dents du peigne; enfin le polissoir **est un progrès** trouvé à l'avantage de la beauté de la fabrication.

RÉCEPTION DES PIÈCES FABRIQUÉES

Rendues au Manufacturier par les Maîtres-Ouvriers.

Quand l'ouvrier a terminé la pièce que la manufacture lui a confiée, il doit, avant de la rendre au magasin, lui donner la dernière main-d'œuvre : pour cela, il retourne la pièce **sur deux rouleaux**, pour la pinceter et lui enlever les petits nœuds et les petits bouts et bouchons qui ont pu rester après le pincetage régulier que l'ouvrier fait subir à sa pièce **fassure par fassure**, et au fur et à mesure de la fabrication.

Quand la pièce a été retournée dans toute sa longueur, et que ce travail est terminé, **le maître-ouvrier et l'ouvrier** qui a tissé la pièce ont la précaution, si l'étoffe est unie, taffetas ou poult de soie, de la rendre **sur un rouleau au manufacturier.** Le maître-ouvrier, en entrant dans le magasin, remet sa pièce à l'employé de la manufacture chargé **de dérouler** les pièces fabriquées rendues par les ouvriers tisseurs.

Après avoir déroulé la pièce, les employés de la balance la pèsent pour en connaître **le poids**, qu'ils inscrivent, avec la dénomination de la pièce rendue, **sur le livre de numéros,** qui est le livre où chaque pièce **est inscrite,** jour par jour, **avec un numéro d'ordre,** à son entrée dans la manufacture; elle est inscrite en même temps **sur le livre d'ouvrier du magasin et sur le livre du maître-ouvrier.** Après son inscription sur ces trois livres, la pièce est visitée, et l'ouvrier ainsi que le maître-ouvrier sont présents à la visite, pour que l'on puisse leur montrer **les défauts** qui sont à la pièce que l'ouvrier compagnon a tissée. L'examen des pièces doit être fait par le **chef de fabrique**; lui seul doit se charger de ce soin, parce que lui seul est responsable de la fabrication de toutes les étoffes qu'il fait tisser dans la manufacture.

Le chef de fabrique doit être extrêmement **rigide** à la réception des pièces, et pour aucun motif, il ne doit montrer de l'indulgence. **Les défauts petits ou graves** qui sont à l'étoffe qu'il visite doivent être **montrés à l'ouvrier,** afin que ce dernier ne les ignore pas, et qu'il puisse chercher les moyens de les éviter à la pièce suivante. Mais si les défauts sont **trop graves,** et que le maître-ouvrier soit reconnu **incapable,** on doit le renvoyer immédiatement de la manufacture; dans le cas contraire, le métier doit être continué, à la condition que l'ouvrier cherchera à éviter à sa nouvelle pièce **les petits défauts** qu'on lui a montrés à la visite de la première. Mais si à la deuxième pièce **les mêmes défauts** sont reproduits, le maître-ouvrier doit être renvoyé de la manufacture.

En effet, quelle que soit la sévérité **du chef de fabrique** envers les ouvriers à la réception des pièces, et celle de l'employé visiteur chargé de voir la fabrication sur les métiers, jamais ils n'atteindront **la rigidité de l'acheteur,** qui sait trouver des défauts même aux pièces les mieux fabriquées.

DESCRIPTION D'UNE COMMANDE

Avec tous les développements pour sa mise à la teinture.

Malgré toutes les explications qui ont été données dans cet ouvrage, j'ai pensé, pour que la démonstration soit plus sensible et plus à la portée de toutes les intelligences, qu'il était utile de simuler **une commande** importante avec sa mise à la teinture décrite avec précision et clarté, afin qu'on puisse toujours consulter ce modèle avec l'aide des tableaux des mises à la teinture, pour se guider d'une manière assurée dans l'exécution et la fabrication d'une commande.

Description de la commande remise par la maison FOURNIER ET BRUN à la manufacture, pour être livrée entièrement conforme, et dans la qualité, la largeur et le poids de l'échantillon présenté.

COMMISSION.

1	10 p.	Taffetas doubles org. noir,			trame pensée.		
2	10 p.	—	—	— rose vif,	—	blanc mat.
3	10 p.	—	—	— ciel vif,	—	—
4	10 p.	—	—	— paille vif,	—	—
5	10 p.	—	—	— maïs vif,	—	—
6	10 p.	—	—	— mode vif,	—	—
7	10 p.	—	—	— lilas vif,	—	—
8	10 p.	—	—	—, noir,	—	noir.
9	5 p.	—	—	— blanc vif,	—	blanc vif.
10	5 p.	—	—	— pensée,	—	émeraude.
11	5 p.	—	—	— napoléon,	—	—
12	5 p.	—	—	— émeraude,	—	noir.

100 pièces taffetas doubles tramées cuit, largeur 60 c., de 48 à 52 mètres, du poids net de 38 gr. le mètre, commises à **6 fr. 50** cent. le mètre.

TITRES, POIDS, RÉDUCTIONS DE LA CHAINE ET DE LA TRAME

DE L'ÉCHANTILLON PRÉSENTÉ

Devant être reproduits exactement dans les pièces de la commission donnée au Manufacturier.

Titre 24ᵈ organsin cuit belle qualité.

Titre 26ᵈ trame cuite ovalée à Lyon.

Les 55 p. doubles fabriquées pèsent, le mètre,	19 gr.	40 c.
Trame cuite à 4 bouts pèse, le mètre réduit à 100 coups au pouce.	18	60
Le mètre fabriqué de l'échantillon pèse. . . .	38 gr.	00 c.

CATÉGORIES DES TEINTURIERS.

La teinture étant subdivisée à **Lyon**, le chef de fabrique divise les soies qu'il a à faire teindre dans **les trois catégories** qui ont été expliquées dans la description de la teinture.

Ainsi les soies qui devront être teintes **en noir** seront envoyées **chez le teinturier** qui ne teint **que le noir.**

Les soies qui devront être teintes **en blanc, rose et ciel** seront envoyées **chez le teinturier** qui ne teint en partie que ces trois nuances.

Les soies qui devront être teintes **en couleurs** seront envoyées **chez le teinturier** le plus accrédité de la ville.

Nota. — La commission a été portée sur le grand-livre des pièces à fabriquer et sur les livres de teinture et d'ourdissage.

FABRICATION DES PIÈCES DE LA COMMISSION.

Dans la fabrication des pièces commises par le commissionnaire, le manufacturier doit employer les mêmes qualités de soies organsins et trames, les mêmes réductions de chaînes et de trames, enfin les mêmes titres que ceux qui ont servi à fabriquer l'échantillon. En agissant ainsi, le manufacturier sera certain d'avance qu'il livrera au commissionnaire une commission qui sera faite entièrement conforme à l'échantillon présenté.

Ce point arrêté et résolu, le chef de fabrique se met en devoir de récapituler la quantité **d'organsins et de trames** nécessaires pour exécuter la commission; si le chef de fabrique n'en a pas la quantité voulue, il doit acheter ou faire acheter immédiatement de la soie de la même provenance, ou à peu près; aussitôt que la soie a été achetée, conditionnée et mise en mains, et que le chef de fabrique a la quantité de soie nécessaire pour fabriquer la commande, il dispose les soies à la teinture, dans l'ordre qui sera expliqué dans cette description, et dans **les diverses catégories de teinturiers** dénommées dans l'analyse descriptive.

Avant de disposer les soies à la teinture, il est convenable, pour éviter les erreurs, **de procéder par ordre**; pour cela, on met **un numéro d'ordre** à la dénomination de chaque teinte des pièces de la commission, commençant par 1, 2, 3, etc.; puis on doit récapituler **le nombre des pièces** dont la chaîne organsin aura la même couleur; on récapitulera également **le nombre des pièces** qui seront tramées de la même nuance, et cela dans l'ordre représenté par le tableau qui suit cette description générale.

RÉCAPITULATION.

ORGANSINS (Titre 24 deniers)

Pour une pièce 1,290 grammes poids écru.

20 pièces	noir . . . nᵒˢ 1, 8.	— Poids écru	25,800 g.
10	— rose vif . nᵒ 2.	—	12,900
10	— ciel vif. . nᵒ 3.	—	12,900
10	— paille vif. nᵒ 4.	—	12,900
10	— maïs vif . nᵒ 5.	—	12,900
10	— mode vif. nᵒ 6.	—	12,900
10	— lilas vif . nᵒ 7.	—	12,900
5	— blanc vif. nᵒ 9.	—	6,450
5	— pensée. . nᵒ 10.	—	6,450
5	— napoléon nᵒ 11.	—	6,450
5	— émeraude nᵒ 12.	—	6,450

100 pièces. **Organsins 129,000 g.**

TRAMES (Titre 26 deniers)

Pour une pièce 1,250 grammes poids écru.

10 pièces	pensée . . . nᵒ 1.	Poids écru	12,500 g.
60	— blanc mat . nᵒˢ 2, 3, 4, 5, 6, 7.	—	75,000
15	— noir . . . . nᵒˢ 8, 12.	—	18,750
5	— blanc vif. . nᵒ 9.	—	6,250
10	— émeraude . nᵒˢ 10, 11.	—	12,500

100 pièces. **Trames 125,000 g.**

Toutes les pièces de la même **nuance organsin** ne feront qu'une seule partie; même observation pour **la trame.**

MISE A LA TEINTURE

Des chaînes et des trames de la Commission.

Le genre d'étoffe que l'on a à mettre à la teinture **est taffetas ;** l'embuvage de l'armure **est de 10 p. 0/0 :** on est obligé, pour avoir le métrage demandé par le commissionnaire, de mettre à la teinture **de l'organsin pour 55 mètres** à chaque pièce, afin d'avoir, quand la pièce sera fabriquée, **50 mètres de longueur.**

Pour la trame, la mise à la teinture est toujours du nombre de mètres que la pièce fabriquée doit avoir ; les pièces de cette commission doivent avoir **50 mètres, fabriquées :** on mettra à la teinture de la trame **pour 50 mètres.**

Les précautions préliminaires qui précèdent la mise à la teinture ayant été bien prises, on n'a plus qu'à opérer d'après **les tableaux,** qui sont d'une utilité incontestable pour la célérité de la mise à la teinture. Mais, avant de prendre cette importante résolution, il faut avoir la certitude qu'à l'ourdissage on aura **le nombre exact de portées et de mètres** qui a été demandé, et qu'il n'y aura **ni manquant ni restant.**

RÈGLE POUR L'ORGANSIN.

Pour commencer la mise à la teinture, on aura recours, nécessairement, **aux tableaux,** qui ont été faits pour faciliter la mise à la teinture **des organsins.** L'organsin que l'on doit employer est un 24 deniers : on regarde le tableau **au titre 24 ;** en regard du titre, sur la même ligne, à droite, la première colonne représente la colonne **de l'organsin écru,** qui a été calculé sur **un bout,** représentant **100 portées simples** d'un mètre de longueur. Ce poids est représenté par 21 grammes 35 centigrammes, organsin écru.

On fait une règle de proportion pour savoir combien **55 portées doubles ou 110 portées simples** pèseront dans **un mètre de longueur,** et l'on dit :

Si 100 portées simples ont pesé   21 gr. 35 c. organsin écru.
Combien pèseront 55 p. d^{bles} ou   110   p. simples.

$$
\begin{array}{r}
21350 \\
2135 \\
\end{array}
$$

$$
\begin{array}{r|l}
234850 & 100 \\
\;348 & \overline{} \\
\;485 & 23,48 \\
\;850 & \\
\;50 & \\
\end{array}
$$

Les 55 portées doubles ou 110 portées simples pèseront,
le mètre écru,   23 gr. 48 c. organsin écru.
On multiplie ce nombre par   55 mètres.

$$
\begin{array}{r}
11740 \\
11740 \\
\hline
1291,40 \\
\end{array}
$$

Ainsi, pour un 24^d il faut **1,290 grammes organsin écru** pour ourdir une pièce de 55 portées doubles de 55 mètres de longueur.

L'organsin teint **en cuit** perdra à la teinture 25 p. 0/0 dans toutes les couleurs, excepté lorsqu'il sera teint **en noir minéral**; ainsi, le poids de 1,290 grammes qui aura été mis à la teinture **ne sera plus,** quand la partie organsin rentrera, **que de 970 grammes.** Comme l'on voit, il est urgent **de tout prévoir,** avant de mettre les soies à la teinture, pour pouvoir être sûr que les pièces de la commission seront identiquement fabriquées dans la même qualité et le même poids que l'échantillon présenté.

Ainsi, l'on met à la teinture **1,290 grammes organsin écru;** quand la soie est teinte, et qu'elle rentre au magasin, elle ne pèse plus que **970 grammes,** parce qu'elle a perdu 25 p. 0/0 à la teinture. On divise ce nombre de grammes par 50, pour connaître le poids que donneront 55 portées doubles d'un mètre de longueur (1).

(1) On divise toujours le poids de la chaîne par le nombre de mètres que la pièce rendra quand elle sera fabriquée.

Division du poids de la chaîne par le nombre de mètres fabriqués :

Poids total de la pièce ourdie 970 | 50 ... nombre de mètres.
470 |
200 | 19,40
00 |

Les 110 portées simples ou 55 portées doubles pèseront, le mètre fabriqué, 19 grammes 40 centigrammes, poids égal à celui de l'échantillon présenté.

Le poids de l'organsin étant trouvé, on poursuit l'opération pour connaître le poids de la trame ; on a recours également aux tableaux qui ont été faits pour faciliter la mise à la teinture des trames.

RÈGLE POUR LA TRAME.

Pour plus de clarté, je prendrai pour la trame les mêmes exemples et les mêmes expressions que j'ai employés dans la description de l'organsin.

La trame que l'on doit employer est un 26 deniers : on regarde le tableau des trames au titre 26. En regard du titre, sur la même ligne, à droite, la première colonne représente la colonne de la trame écrue : dans cette colonne, à l'endroit indiqué, on trouve qu'un bout de trame, employé dans la largeur de 100 centimètres, et dans la réduction de 100 coups au pouce, ou 36 coups au centimètre, pèse écru 10 grammes 41 centigrammes.

On fait une règle de proportion pour savoir combien un bout de trame pèsera dans 60 centimètres de largeur, employé dans un mètre de hauteur, et l'on dit :

Si 100 centimètres ont pesé 10 gr. 41 c. écru.
Combien pèseront . . . . . . 60 centimètres.

62460 | 100
246 |
460 | 6,24,60
600 |
00 |

Un bout de trame, employé dans la largeur de 60 centimètres, dans la réduction de 100 coups au pouce, ou 36 coups au centimètre, dans un mètre de hauteur, du titre de 26[d], **pèsera 6 grammes 24 centigrammes 60 milligrammes.**

L'échantillon présenté est tramé 4 bouts; les pièces de la commission doivent également être tramées 4 bouts pour être entièrement identiques, avoir la même réduction et le poids commandé.

Pour connaître **le poids de trame écrue** qui entrera dans 1 mètre de hauteur et 60 centimètres de largeur, on multiplie **le poids d'un bout** qui est de 6 grammes 24 centigrammes 60 milligrammes, par le nombre de bouts qui est 4, et l'on dit :

Si un bout pèse écru	6 gr.	24 c.	60	milligr.
Combien pèseront			4	bouts.
	24 gr.	98 c.	40	milligr.

Les 4 bouts pèseront 24 grammes 98 centigrammes 40 milligrammes. On multiplie ce nombre par 50, qui est le nombre de mètres que chaque pièce de la commission doit avoir quand elle est fabriquée, et l'on dit :

Si 1 mètre de hauteur de trame pèse	24 gr.	98 c.	40	milligr.
Combien pèseront			50	mètres.
	1,249 gr.	20 c.	00	milligr.

Ainsi, il faut pour un 26[d] **1,250 grammes de trame écrue,** pour tramer une pièce de taffetas à 4 bouts, réduite à 100 coups au pouce ou 36 coups au centimètre, de 50 mètres de longueur et 60 centimètres de largeur.

Quand la trame sera teinte en cuit, elle perdra à la teinture 25 p. 0/0 dans toutes les couleurs, excepté lorsqu'elle sera **teinte en noir minéral**; ainsi, le poids de 1,250 grammes qui aura été mis à la teinture **sera réduit à 940 grammes** quand la soie sera teinte et qu'elle rentrera au magasin.

On divise ce poids par 50, qui est le nombre de mètres que la pièce rendra quand elle sera fabriquée.

Division du poids de la trame par le nombre de mètres fabriqués :

Poids total de la trame pour la pièce

$$\begin{array}{r|l} 940 & 50 \text{ mètres.} \\ 440 & \\ 400 & 18{,}80 \\ 000 & \end{array}$$

Ainsi, dans une largeur de 60 centimètres et une hauteur de 1 mètre, dans la réduction de 100 coups au pouce ou de 36 coups au centimètre, la trame cuite pèse 18 grammes 80 centigrammes, poids égal à celui de l'échantillon présenté.

TITRES, POIDS, RÉDUCTIONS DES CHAINES ET DES TRAMES

Pour exécuter les Pièces de la Commission.

Titre 24[d] organsin cuit belle qualité.

Titre 26[d] trame cuite ovalée à Lyon.

Les 55 portées doubles pèsent, le mètre fabriqué. 19 gr. 40 c.
Trame cuite à 4 bouts, réduite à 100 coups au
pouce 18   80
Le mètre fabriqué pèse . . . . : 38 gr. 20 c.

Quand tous les calculs ont été faits, on doit, avant de mettre à la teinture, réviser toutes les règles, pour n'avoir **aucun doute ni aucune incertitude** ; puis, quand on est certain que les poids qu'elles ont donnés sont bien **des poids exacts**, alors seulement on peut mettre les soies à la teinture. En effet, une mise à la teinture qui ne donne pas la longueur de mètres commandée dans le nombre de portées voulu est une mise en teinture **fausse**, qui a les plus graves conséquences.

Pour atténuer la gravité de l'erreur qui a été commise, il y a plusieurs moyens, mais aucun n'est convenable; il est cependant utile de relater ces moyens, pour bien faire comprendre jusqu'à quel point une mise à la teinture **fausse** porte la perturbation dans l'exécution d'une fabrication **sans défauts,** surtout quand **la chaîne et la trame** n'ont été mises à la teinture que pour **une seule pièce.**

Quand cette faute a été faite, il faut, pour y remédier, ou faire les pièces **moins longues, ou faire teindre** le supplément manquant à chaque partie, ou bien encore **altérer la quantité de chaîne** en réduisant le nombre de portées, pour pouvoir atteindre la longueur demandée, qui a une très grande importance pour **le genre robe.** Mais tous ces moyens portent avec eux des défectuosités qui resteront gravées dans les pièces, quand elles seront fabriquées, pour accuser **l'inattention ou l'incapacité** de celui qui aura mis la commission à la teinture.

Le moyen le plus prompt serait de diminuer le nombre de fils au centimètre; mais ce moyen sera reconnu par le commissionnaire, soit à l'œil nu, soit au toucher, parce que les pièces n'auront plus **le même reflet, la même couverture et le même moelleux** que l'échantillon présenté; et, pour s'assurer de la vérité, le commissionnaire n'aura qu'à avoir recours à la loupe, qui confirmera son opinion sur le nombre de fils qui est entré dans l'échantillon qu'il a entre les mains **comme type,** ainsi que le nombre de fils qui est également entré dans les pièces de la commission livrée par le manufacturier. Le commissionnaire, après avoir compté **sur la pièce type** et sur **les pièces livrées,** reconnaît que ces dernières ont été fabriquées avec un nombre de fils inférieur à celui de l'échantillon présenté.

L'acheteur, après avoir attentivement examiné toutes les pièces de la commission, fait appeler le manufacturier, parce qu'il n'a plus la qualité qu'il désirait avoir; le rabais offert par le manufacturier devient nul et insignifiant devant la grande importance de la qualité qui n'est plus la même, dans les pièces livrées, que celle de l'échantillon. Qu'advient-il de tout cela? Des discussions irritantes, qui se terminent, quelquefois par un arbitrage, qui tourne presque toujours au détriment du manufacturier, parce qu'il a tort dans cette circonstance; par cette grave erreur, il perd le bénéfice qui lui est justement dû, et, quelquefois, sa réputation comme habile manufacturier.

L'autre moyen consiste à faire teindre **les suppléments manquants,** pour obtenir, sans altérer l'étoffe, la longueur de mètres demandée, en mêlant le supplément, quand il a été teint, **à la première partie.** Mais ce travail est un travail d'écolier, parce qu'il faut recommencer une seconde opération semblable à la première, ce qui oblige le manufacturier à suspendre **l'ourdissage des pièces** jusqu'à la rentrée de la teinture des suppléments; pendant ce retard, le chef de fabrique est obligé de faire attendre les métiers qui doivent fabriquer cette commission; à tous ces inconvénients, il faut joindre encore celui du temps perdu, qui est précieux pour les commissions à jour fixe, et celui de la teinture qui pourrait bien, parfois, ne pas être parfaitement **conforme à la première soie teinte,** et, quand même elle serait entièrement semblable, ce qui se rencontre quelquefois, ce mélange, quoique aussi parfait que possible, accusera toujours une différence, nuisible au bien fabriqué des pièces.

Toutes ces raisons réunies ne prouvent qu'une chose, c'est qu'avant de mettre les soies à la teinture, il faut être complètement assuré **que les quantités et les longueurs** atteindront les nombres de portées et de mètres qui ont été commandés.

OBSERVATION IMPORTANTE

Sur l'Ourdissage.

Malgré la certitude que l'on a sur **la mise à la teinture,** pour le nombre **de portées et de mètres** que l'on désire avoir, on ne doit agir qu'avec de grandes réserves; ainsi, quand l'organsin est rentré de la teinture et du dévidage, on doit, par précaution, si l'organsin que l'on va employer n'a pas encore de pièces ourdies, on doit, dis-je, avant de mettre la première pièce à l'ourdissage, faire ourdir **une guidane de 40 fils doubles,** de la longueur des pièces commandées; celles de la commission doivent avoir 55 mètres : la guidane aura 55 mètres de longueur; par elle, on sera de suite renseigné si les pièces auront les nombres de portées et de mètres qui ont été demandés.

Quand la guidane est ourdie, **on la pèse,** et on multiplie son poids par le nombre de portées que l'on doit faire ourdir; les pièces de la commission ont 55 portées, la guidane a 40 fils ou 1/2 portée : on doit donc multiplier, pour les pièces ci-dessus, **le poids par 110,** double de 55, qui est le nombre de portées de la commission.

Si 40 fils ou 1/2 portée organsin a pesé   8. gr. 81 c. 81   milligr.
Combien pèseront 55 portées d^bles ou   110 simples.

$$
\begin{array}{r}
881810 \\
88181 \\
\hline
969,99,10
\end{array}
$$

D'après la guidane ourdie, **les 55 portées de 55 mètres** pèseront réellement **970 grammes,** poids rentré de la teinture; la preuve étant faite, on ne met, malgré cela, **qu'une seule pièce à l'ourdissage;** lorsqu'elle est ourdie, on la pèse, pour reconnaître si elle a le poids donné par la guidane : **si le poids est le même,** on a alors la certitude que la mise à la teinture donnera la longueur et le nombre de portées demandés. **Après ces deux opérations,** on met les pièces à l'ourdissage.

TABLEAUX

DES ORGANSINS ÉCRUS

ET

Perdant à la Teinture

Depuis 0 pour 100 jusqu'à 27 pour 100.

———

Par ces tableaux on connaîtra le **poids exact d'un bout** organsin de 8,200 mètres de longueur, qui représentent **100 portées** simples d'un mètre de longueur, dans tous les titres **depuis 18 jusqu'à 60 deniers**, dans toutes les teintures connues, se succédant depuis **l'organsin écru** jusqu'à 27 p. 0/0 de perte à la teinture.

———

BASE DES TABLEAUX.

Tous les calculs dès tableaux ont été basés **sur un déchet supposé de 2 1/2 p. 0/0 sur la longueur**; c'est pour cette raison que **le poids exact d'un bout** a été compté sur 8,200 mètres de longueur, réduits, après la manipulation, à 8,000.

DESCRIPTION

DES

TABLEAUX DES ORGANSINS.

A l'aide des tableaux généraux, on peut savoir immédiatement, quand on veut mettre à la teinture une soie quelconque,
soit **pour la faire fabriquer,** soit pour en faire **le prix de revient,**
on peut savoir, dis-je, immédiatement quel sera **le poids des organsins** qui entrera dans un mètre de hauteur, dans tous les titres,
dans toutes les largeurs, dans toutes les réductions, dans toutes les
teintures connues, comme dans tous les prix.

Pour connaître **un autre nombre de portées** que celui du tableau, qui a pour principe **l'unité 100,** on n'a qu'à faire une simple
règle de proportion, en suivant l'ordre qui a été indiqué dans la
description des **tableaux organsins.**

EXEMPLE.

Au titre 24, on cherche sur la même ligne horizontale, dans la
deuxième colonne, qui représente **l'organsin écru**; le poids dési-
gné dans cette colonne à la place indiquée **est de 21 gr. 35 cent.,**
c'est le poids que pèseront **100 portées simples de 1 mètre de
longueur.** Pour connaître **le poids d'un autre nombre de portées,** on fait une règle de proportion avec le nombre de portées
que l'on désire fabriquer. **Le poids trouvé** est celui que l'on mettra à la teinture pour tisser la pièce que l'on a l'intention de faire
fabriquer.

NOTA. — Voir les tableaux au titre 24, dans la colonne des organsins écrus.

RÈGLE GÉNÉRALE

DES

TABLEAUX DES ORGANSINS.

Pour connaître **le poids** d'un nombre de portées de chaîne autre que celui **de 100 portées simples de 1 mètre de longueur,** qui est la base des tableaux organsins,

On fait le raisonnement suivant :

Si 100 portées simples de 1 mètre de longueur du titre 24^d **ont pesé écrues 21 gr. 35 cent.,**

Combien pèseront **80 portées simples** également de 1 mètre de longueur, du même titre 24 ?

On fait donc une règle de proportion pour connaître la quantité nécessaire pour 80 portées simples.

Si 100 portées pèsent . . . . . 21 gr. 35 c.
Combien pèseront. . . . . . .   80 portées.

$$
\begin{array}{r|l}
170800 & 100 \\
0708 & \\
00800 & 17,08 \\
000 & \\
\end{array}
$$

Les 80 portées simples de 1 mètre de longueur pèseront 17 gr. 08 cent. Combien pèseront 55 mètres? On multiplie 17,08 par 55 : le produit représente **le poids réel** que l'on doit mettre à la teinture.

$$
\begin{array}{r}
17,08 \\
\end{array}
$$

Combien pèseront . . . .   55 mètres.

$$
\begin{array}{r}
8540 \\
8540 \\
\hline
939,40 \text{ poids écru.}
\end{array}
$$

La multiplication du poids du mètre, 17 gr. 08 c., par le nombre de mètres 55, **donne 939 gr. 40 cent., poids écru** que l'on doit mettre à la teinture pour tisser la pièce demandée.

L'organsin qui pèse écru 939 gr. 40 cent., quand il rentrera de la teinture, aura perdu, **s'il est teint en cuit, 25 p. 0/0** ; cette perte ayant réduit le poids, la partie organsin **ne pèsera plus que 704 gr. 55 cent.** quand elle rentrera de la teinture.

On poursuit l'opération pour connaître **le poids du mètre,** quand la pièce sera ourdie **en 80 portées simples.**

La pièce étant destinée à être tissée **en taffetas,** l'embuvage sera de 10 p. 0/0.

La pièce a été ourdie de 55 mètres de longueur; quand elle **ren**trera fabriquée, elle ne rendra **que 50 mètres d'étoffe fabri**-**quée.** C'est donc par cette longueur de 50 mètres qu'il faut diviser le poids de la pièce qui a été ourdie **en 80 portées simples de 55 mètres de longueur.**

Pour connaître **le poids du mètre** de la chaîne tissée, on doit toujours **diviser le poids** de celle-ci par le nombre de mètres qu'elle doit rendre fabriqués.

RÈGLE.

La pièce pèse. 704,55	50 mètres.
204	
0455	14,09,10.
050	
00	

Le mètre fabriqué pèse 14 gr. 09 cent. 10 milligr.

Même opération pour tous les titres, pour tous les comptes et pour toutes les longueurs quelles qu'elles soient.

DÉMONSTRATION PARTIELLE

DU

TABLEAU DES ORGANSINS

Perdant à la Teinture

REPRÉSENTÉE

Par un Organsin du titre de 24 deniers.

Titre 24^d avec	0 p. 0/0 de perte pèse	21 gr.	35 c.
— 24^d —	5 p. 0/0 — —	20	28
— 24^d —	10 p. 0/0 — —	19	22
— 24^d —	15 p. 0/0 — —	18	15

Tableau général des Organsins

PERDANT A LA TEINTURE

Depuis 5 pour 100 jusqu'à 27 pour 100.

TITRES	ORGANSINS ÉCRUS — Poids d'un bout de **8,200 mètres** de longueur ou **100** p. simples de 1 mètre de longueur. — 1,000 grammes rendent 1,000 gram.		ORGANSINS TEINTS **PERDANT 5 p. 0/0** après la teinture. — **Poids exact** déchet compris. — 1,000 grammes rendent 950 gram.		ORGANSINS TEINTS **PERDANT 10 p. 0/0** après la teinture. — **Poids exact** déchet compris. — 1,000 grammes rendent 900 gram.		ORGANSINS TEINTS **PERDANT 15 p. 0/0** après la teinture. — **Poids exact** déchet compris. — 1,000 grammes rendent 850 gram.	
Deniers.	Gram.	Centig.	Gram.	Centig.	Gram.	Centig.	Gram.	Centig.
18	16	02	15	22	14	42	13	62
19	16	91	16	06	15	22	14	37
20	17	80	16	91	16	02	15	13
21	18	68	17	75	16	82	15	88
22	19	57	18	60	17	62	16	64
23	20	46	19	44	18	42	17	40
24	21	35	20	28	19	22	18	15
25	22	24	21	13	20	02	18	90
26	23	13	21	97	20	82	19	66
27	24	02	22	82	21	62	20	42
28	24	91	23	66	22	42	21	17
29	25	80	24	51	23	22	21	93
30	26	69	25	36	24	03	22	69
31	27	58	26	20	24	83	23	44
32	28	47	27	05	25	63	24	20
33	29	36	27	89	26	43	24	96
34	30	25	28	74	27	23	25	71
35	31	14	29	58	28	03	26	47
40	35	59	33	81	32	04	30	25
45	40	04	38	04	36	04	34	03
50	44	49	42	27	40	05	37	82
55	48	94	46	49	44	05	41	60
60	53	39	50	72	48	06	45	38

DÉMONSTRATION PARTIELLE

DU

TABLEAU DES ORGANSINS

Perdant à la Teinture

REPRÉSENTÉE

Par un Organsin du titre de 24 deniers.

Titre 24^d avec   **0** p. **0/0** de perte, pèse 21 gr. 35 c.

  — 24^d — **20** p. **0/0**   —   — 17   08

  — 24^d — **25** p. **0/0**   —   — 16   01

  — 24^d — **27** p. **0/0**   —   — 15   59

Tableau général des Organsins

PERDANT A LA TEINTURE

Depuis 5 pour 100 jusqu'à 27 pour 100.

TITRES	ORGANSINS ÉCRUS Poids d'un bout de 8,200 mètres de longueur ou 100 p. simples de 1 mètre de longueur. — 1,000 grammes rendent 1,000 gram.		ORGANSINS TEINTS PERDANT 20 p. 0/0 après la teinture. — Poids exact déchet compris. — 1,000 grammes rendent 800 gram.		ORGANSINS TEINTS PERDANT 25 p. 0/0 après la teinture. — Poids exact déchet compris. — 1,000 grammes rendent 750 gram.		ORGANSINS TEINTS PERDANT 27 p. 0/0 après la teinture. — Poids exact déchet compris. — 1,000 grammes rendent 730 gram.	
Deniers.	Gram.	Centig.	Gram.	Centig.	Gram.	Centig.	Gram.	Centig.
18	16	02	12	82	12	01	11	69
19	16	91	13	53	12	68	12	34
20	17	80	14	24	13	35	12	99
21	18	68	14	94	14	01	13	64
22	19	57	15	66	14	68	14	29
23	20	46	16	37	15	35	14	94
24	21	35	17	08	16	01	15	59
25	22	24	17	79	16	68	16	24
26	23	13	18	50	17	35	16	89
27	24	02	19	22	18	01	17	54
28	24	91	19	93	18	68	18	19
29	25	80	20	64	19	35	18	84
30	26	69	21	35	20	01	19	49
31	27	58	22	06	20	68	20	14
32	28	47	22	78	21	35	20	79
33	29	36	23	49	22	01	21	44
34	30	25	24	20	22	68	22	09
35	31	14	24	91	23	35	22	74
40	35	59	28	47	26	69	25	98
45	40	04	32	03	30	03	29	23
50	44	49	35	59	33	37	32	48
55	48	94	39	15	36	71	35	73
60	53	39	42	71	40	04	38	98

TABLEAUX

DES ORGANSINS ÉCRUS

ET

Rendant à la Teinture

Depuis 5 pour 100 jusqu'à 30 pour 100.

Par ces tableaux on connaîtra **le poids exact d'un bout** organsin de 8,200 mètres de longueur, qui représentent **100 portées simples d'un mètre de longueur**, dans tous les titres, **depuis 18 jusqu'à 60 deniers**, dans toutes les teintures connues, se succédant depuis l'**organsin écru**, et rendant jusqu'à 30 p. 0/0 à la teinture.

13

DÉMONSTRATION PARTIELLE

DU

TABLEAU DES ORGANSINS

Rendant à la Teinture

REPRÉSENTÉE

Par un Organsin du titre de 24 deniers.

Titre 24^d perdant	0 p. 0/0	pèse	21 gr.	35 c.
— 24^d rendant	5 p. 0/0	—	22	42
— 24^d —	10 p. 0/0	—	23	48
— 24^d —	15 p. 0/0	—	24	54

Tableau général des Organsins

RENDANT A LA TEINTURE

Depuis 5 pour 100 jusqu'à 30 pour 100.

TITRES	ORGANSINS ÉCRUS Poids d'un bout de **8,200 mètres** de longueur ou **100 p.** simples de 1 mètre de longueur. 1,000 grammes rendent 1,000 gram.		ORGANSINS TEINTS **RENDANT 5 p. 0/0** après la teinture. **Poids exact** déchet compris. 1,000 grammes rendent 1,050 gram.		ORGANSINS TEINTS **RENDANT 10 p. 0/0** après la teinture. **Poids exact** déchet compris. 1,000 grammes rendent 1,100 gram.		ORGANSINS TEINTS **RENDANT 15 p. 0/0** après la teinture. **Poids exact** déchet compris. 1,000 grammes rendent 1,150 gram.	
Deniers.	Gram.	Centig.	Gram.	Centig.	Gram.	Centig.	Gram.	Centig.
18	16	02	16	82	17	62	18	42
19	16	91	17	76	18	60	19	44
20	17	80	18	69	19	58	20	47
21	18	68	19	61	20	54	21	48
22	19	57	20	55	21	52	22	49
23	20	46	21	48	22	50	23	52
24	21	35	22	42	23	48	24	54
25	22	24	23	35	24	46	25	57
26	23	13	24	29	25	44	26	59
27	24	02	25	22	26	42	27	62
28	24	91	26	16	27	40	28	64
29	25	80	27	09	28	38	29	67
30	26	69	28	02	29	35	30	68
31	27	58	28	96	30	33	31	70
32	28	47	29	89	31	31	32	73
33	29	36	30	83	32	29	33	75
34	30	25	31	76	33	27	34	78
35	31	14	32	70	34	25	35	80
40	35	59	37	37	39	14	40	91
45	40	04	42	04	44	04	46	04
50	44	49	46	71	48	93	51	15
55	48	94	51	39	53	83	56	27
60	53	39	56	06	58	72	61	38

DÉMONSTRATION PARTIELLE

DU

TABLEAU DES ORGANSINS

Rendant à la Teinture

REPRÉSENTÉE

Par un Organsin du titre de 24 deniers.

Titre	24^d	perdant	0 p. 0/0	pèse	21 gr.	35 c.
—	24^d	rendant	20 p. 0/0	—	25	61
—	24^d	—	25 p. 0/0	—	26	67
—	24^d	—	30 p. 0/0	—	27	76

Tableau général des Organsins

RENDANT A LA TEINTURE

Depuis 5 pour 100 jusqu'à 30 pour 100.

TITRES	ORGANSINS ÉCRUS Poids d'un bout de **8,200 mètres** de longueur ou **100** p. simples de 1 mètre de longueur. — 1,000 grammes rendent 1,000 gram		ORGANSINS - TEINTS **RENDANT 20 p. 0/0** après la teinture. — **Poids exact** déchet compris. 1,000 grammes rendent 1,200 gram		ORGANSINS TEINTS **RENDANT 25 p. 0/0** après la teinture. — **Poids exact** déchet compris. 1,000 grammes rendent 1,250 gram		ORGANSINS TEINTS **RENDANT 30 p. 0/0** après la teinture. — **Poids exact** déchet compris. 1,000 grammes rendent 1,300 gram	
Deniers.	Gram.	Centig.	Gram.	Centig.	Gram.	Centig.	Gram.	Centig.
18	16	02	19	22	20	02	20	83
19	16	91	20	29	21	13	21	98
20	17	80	21	36	22	25	23	14
21	18	68	22	40	23	33	24	28
22	19	57	23	47	24	44	25	44
23	20	46	24	54	25	56	26	60
24	21	35	25	61	26	67	27	76
25	22	24	26	68	27	79	28	92
26	23	13	27	75	28	90	30	08
27	24	02	28	82	30	02	31	24
28	24	91	29	89	31	13	32	40
29	25	80	30	96	32	25	33	56
30	26	69	32	01	33	34	34	72
31	27	58	33	08	34	45	35	88
32	28	47	34	15	35	57	37	04
33	29	36	35	22	36	68	38	20
34	30	25	36	29	37	80	39	36
35	31	14	37	36	38	91	40	52
40	35	59	42	69	44	46	46	27
45	40	04	48	04	50	04	52	05
50	44	49	53	37	55	59	57	84
55	48	94	58	72	61	16	63	62
60	53	39	64	05	66	71	69	41

TABLEAUX

DES

TRAMES ÉCRUES SOUPLES ET CUITES

Perdant à la Teinture

Depuis 0 pour 100 jusqu'à 27 pour 100.

Par ces tableaux, on connaîtra le poids exact d'un bout de trame de **3,690** mètres de longueur, qui représentent 3,600 coups de trame, **employée à 1 bout**, dans 1 mètre de hauteur, 100 centimètres de largeur, dans la réduction de 100 coups au pouce ou 36 coups au centimètre, dans tous les titres, **depuis 18 deniers jusqu'à 60 deniers**, dans toutes les teintures connues, se succédant depuis **la trame écrue**, en perdant depuis 5 p. 0/0 jusqu'à 27 p. 0/0 à la teinture.

BASE DES TABLEAUX.

Tous les calculs **des tableaux** ont été basés **sur un déchet supposé de 2 1/2 p. 0/0 sur la longueur**; c'est pour cette raison que **le poids exact d'un bout** a été compté sur 3,690 mètres de longueur, réduits, après la manipulation, à 3,600.

RÈGLE GÉNÉRALE

DES

TABLEAUX DES TRAMES.

Pour connaître **le poids de trame écrue** nécessaire pour mettre à la teinture, dans toutes les largeurs, tous les poids et toutes les réductions possibles, autres que ceux des tableaux des trames, on procède ainsi soit pour une trame cuite, soit pour une trame écrue.

EXEMPLE SUR UNE TRAME CUITE

Du Titre de 26 deniers.

Si 100 centimètres d'une trame cuite, perdant 25 p. 0/0, d'un 26^d, pèsent **7 grammes 81 centigrammes un seul bout;**

Combien pèsera **un seul bout de trame,** pour 60 centimètres?

Si 100 centimètres pèsent   7 gr. 81 centig.
Combien pèseront . . . .   60 centimètres.

46860	100
686	
860	4,68,60
600	
00	

Un seul bout d'un 26^d, perdant 25 p. 0/0, **pèse 4 grammes 68 centigrammes 60 milligrammes;** on multiplie ce nombre par 6 bouts, et la multiplication donne **28 grammes 11 centigrammes 60 milligrammes dans 1 mètre de hauteur :**

NOTA. — Voir les tableaux au titre 26 deniers, dans la colonne perdant 25 pour 100.

A un bout, la trame pèse cuit ➤ 4 gr. 68 c. 60 milligr.
Combien pèseront . . . . 6 bouts.
____
Poids. . . . . 28 gr. 11 c. 60 milligr.

On multiplie ce dernier nombre **par 50 mètres,** et la multipli-cation donne **1,405 grammes 80 centigrammes,** poids qu'il en-trera **de trame cuite** pour tisser la pièce demandée.

Les 6 bouts, employés dans 1 mètre de
hauteur, pèsent. . . . . 28 gr. 11 c. 60 millig.
Combien pèseront . . . . 50 mètres.
____
Poids cuit. . . . . 1,405 gr. 80 c.

Pour connaître **le poids écru** par le poids cuit, perdant 25 p. 0/0, on n'a qu'à ajouter **le tiers du poids cuit.**

Poids cuit. . . . . 1,405 gr. 80 c.
On ajoute le tiers . . . 468 60
____
1,874 gr. 40 c.

EXEMPLE SUR UNE TRAME ÉCRUE

Du même Titre de 26 deniers.

Si 100 centimètres de largeur, d'une **trame écrue,** d'un 26^d, ont pesé 10 grammes 41 centigrammes **un seul bout;**

Combien pèsera **un seul bout de trame** pour 60 centimètres?

Si 100 centimètres pèsent 10 gr. 41 c.
Combien pèseront . . . . 60 centimètres.
____
62460 | 100
246 |‾‾‾‾‾‾‾‾
460 | 6,24,60
600
00

Nota. — Voir les tableaux au titre 26 deniers, dans la colonne écrue.

Ainsi, **un seul bout de trame écrue pèse 6 grammes 24 centigrammes 60 milligrammes** ; on multiplie ce nombre **par
6 bouts**, et la multiplication **donne 37 grammes 47 centigrammes 60 milligrammes dans 1 mètre de hauteur.**

A un bout, la trame pèse, écrue   6 gr. 24 c. 60 milligr.
Combien pèseront. . . . .   6 bouts.
                                ____
                                    37 gr. 47 c. 60 milligr.

On multiplie ce dernier nombre **par 50 mètres**, et la multiplication **donne 1,873 grammes 80 centigrammes**, qu'il faut de
trame écrue pour tisser la pièce demandée.

Les 6 bouts, employés dans 1 mètre de
hauteur, pèsent . . . .   37 gr. 47 c. 60 millig.
Combien pèseront . . . .   50 mètres.
                                ____
                                    1,873 gr. 80 c.

On mettra à la teinture 1,875 grammes.

COMPARAISON

**Entre les deux exemples faits, l'un avec la trame cuite, et
l'autre avec la trame écrue, du même titre 26 deniers.**

L'exemple **par la trame cuite** a donné   1,874 gr. 40 c.
L'exemple **par la trame écrue** a donné   1,873   80
                                          ____
Différence . . . .   60 c.

L'exemple ci-dessus prouve **que les tableaux** sont extrêmement
justes, puisqu'ils ont donné le même résultat par deux systèmes
différents, **un par la trame cuite, l'autre par la trame écrue.**
On opèrera de même pour toutes les largeurs et pour toutes les
réductions ; que les trames soient cuites, souples, engallées, char-

gées, crues ou gros noir, elles doivent toujours être calculées **d'a-près les deux principes** de cette démonstration.

Pour connaître promptement **le poids cuit** d'une soie organsin ou trame, perdant à la teinture 25 p. 0/0 **du poids écru**, on prendra **les trois quarts de celui-ci**, et on aura le poids exact, si elle a réellement perdu 25 pour 0/0 à la teinture.

EXEMPLE.

Poids écru mis à la teinture   1,875 gr.
Les trois quarts pèsent. . . .   1,406 gr. 25 c.

RÈGLE.

Poids écru	**1,875 gr.**	poids entier.
	937 gr. 50 c.	moitié de l'entier.
	468 75	quart de l'entier.
Poids cuit	1,406 gr. 25 c.	trois quarts de l'entier.

TABLEAUX GÉNÉRAUX DES TRAMES.

DÉMONSTRATION PARTIELLE

DU

TABLEAU DES TRAMES

Perdant à la Teinture

REPRÉSENTÉE

Par une Trame du titre de 26 deniers.

Titre 26^d avec **0 p. 0/0** de perte, pèse 10 gr. 41 c.
— 26^d — **5 p. 0/0** — — 9 90
— 26^d — **10 p. 0/0** — — 9 37
— 26^d — **15 p. 0/0** — — 8 85

Tableau général des Trames

PERDANT A LA TEINTURE

Depuis 5 pour 100 jusqu'à 27 pour 100.

TITRES	TRAMES ÉCRUES Poids d'un bout de **3,690 mètres** de longueur. **36** coups au centimètre **3,600** coups **100** cent. de largeur. — **1,000 grammes** rendent 1,000 gram.		TRAMES TEINTES **PERDANT** **5 p. 0/0** après la teinture. — **Poids exact** déchet compris. **1,000 grammes** rendent 950 gram.		TRAMES TEINTES **PERDANT** **10 p. 0/0** après la teinture. — **Poids exact** déchet compris. **1,000 grammes** rendent 900 gram.		TRAMES TEINTES **PERDANT** **15 p. 0/0** après la teinture. — **Poids exact** déchet compris. **1,000 grammes** rendent 850 gram.	
Deniers.	Gram.	Centig.	Gram.	Centig.	Gram.	Centig.	Gram.	Centig.
18	7	21	6	85	6	49	6	13
19	7	61	7	23	6	85	6	47
20	8	01	7	61	7	21	6	81
21	8	41	7	99	7	57	7	15
22	8	81	8	37	7	93	7	49
23	9	21	8	75	8	29	7	83
24	9	61	9	13	8	65	8	17
25	10	01	9	51	9	01	8	51
26	10	41	9	90	9	37	8	85
27	10	81	10	27	9	73	9	19
28	11	21	10	65	10	09	9	53
29	11	61	11	03	10	45	9	87
30	12	01	11	41	10	81	10	21
31	12	41	11	79	11	17	10	55
32	12	81	12	17	11	53	10	89
33	13	21	12	55	11	89	11	23
34	13	61	12	93	12	25	11	57
35	14	01	13	31	12	61	11	91
40	16	02	15	22	14	42	13	62
45	18	02	17	12	16	22	15	32
50	20	02	19	02	18	02	17	02
55	22	02	20	92	19	82	18	72
60	24	02	22	82	21	62	20	42

DÉMONSTRATION PARTIELLE

DU

TABLEAU DES TRAMES

Perdant à la Teinture

REPRÉSENTÉE

Par une Trame du titre de 26 deniers.

Titre 26^d avec **0 p. 0/0** de perte pèse 10 gr. 41 c.
  — 26^d — **20 p. 0/0** —   — 8   33
  — 26^d — **25 p. 0/0** —   — 7   81
  — 26^d — **27 p. 0/0** —   — 7   60

Tableau général des Trames

PERDANT A LA TEINTURE

Depuis 5 pour 100 jusqu'à 27 pour 100.

TITRES	TRAMES ÉCRUES Poids d'un bout de **3,690 mètres** de longueur. **36** coups au centimètre **3,600** coups **100** cent. de largeur. — **1,000 grammes** rendent 1,000 gram.		TRAMES TEINTES **PERDANT 20 p. 0/0** après la teinture. — **Poids exact** déchet compris. — **1,000 grammes** rendent 800 gram.		TRAMES TEINTES **PERDANT 25 p. 0/0** après la teinture. — **Poids exact** déchet compris. — **1,000 grammes** rendent 750 gram.		TRAMES TEINTES **PERDANT 27 p. 0/0** après la teinture. — **Poids exact** déchet compris. — **1,000 grammes** rendent 730 gram.	
Deniers.	Gram.	Centig.	Gram.	Centig.	Gram.	Centig.	Gram.	Centig.
18	7	21	5	77	5	41	5	26
19	7	61	6	09	5	71	5	55
20	8	01	6	41	6	01	5	84
21	8	41	6	73	6	31	6	14
22	8	81	7	05	6	61	6	43
23	9	21	7	37	6	91	6	72
24	9	61	7	69	7	21	7	01
25	10	01	8	01	7	51	7	31
26	10	41	8	33	7	81	7	60
27	10	81	8	65	8	11	7	89
28	11	21	8	97	8	41	8	18
29	11	61	9	29	8	71	8	47
30	12	01	9	61	9	01	8	77
31	12	41	9	93	9	31	9	06
32	12	81	10	25	9	61	9	35
33	13	21	10	57	9	91	9	64
34	13	61	10	89	10	21	9	94
35	14	01	11	21	10	51	10	23
40	16	02	12	82	12	02	11	69
45	18	02	14	42	13	52	13	15
50	20	02	16	02	15	02	14	61
55	22	02	17	62	16	52	16	07
60	24	02	19	22	18	02	17	53

TABLEAUX

DES

TRAMES ÉCRUES, SOUPLES,

ENGALLÉES ET GROS NOIR

Rendant à la Teinture

Depuis 0 pour 100 jusqu'à 90 pour 100.

Par ces tableaux, on connaîtra **le poids exact d'un bout de trame de 3,690 mètres de longueur**, qui représente 3,600 coups de trame **employée à 1 bout**, dans 1 mètre de hauteur, 100 centimètres de largeur, dans la réduction de 100 coups au pouce ou 36 au centimètre, dans tous les titres, **depuis 18 deniers jusqu'à 60 deniers**, dans toutes les teintures connues se succédant depuis **la trame écrue**, en rendant depuis 5 p. 0/0 jusqu'à 90 p. 0/0 à la teinture.

DÉMONSTRATION PARTIELLE

DU

TABLEAU DES TRAMES

Rendant à la Teinture

REPRÉSENTÉE

Par une Trame du Titre de 26 deniers.

Titre 26^d	perdant	0 p. 0/0	pèse 10 gr. 41 c.
Titre 26^d	rendant	5 p. 0/0	— 10 93
Titre 26^d	—	10 p. 0/0	— 11 45
Titre 26^d	—	15 p. 0/0	— 11 97

Tableau général des Trames

RENDANT A LA TEINTURE

Depuis 5 pour 100 jusqu'à 90 pour 100.

TITRES	TRAMES ÉCRUES Poids d'un bout de **3,690 mètres** de longueur. **36** coups au centimètre **3,600** coups **100** cent. de largeur. — 1,000 grammes rendent **1,000** gram.	TRAMES TEINTES RENDANT **5 p. 0/0** après la teinture. — **Poids exact** déchet compris. — 1,000 grammes rendent **1,050** gram.	TRAMES TEINTES RENDANT **10 p. 0/0** après la teinture. — **Poids exact** déchet compris. — 1,000 grammes rendent **1,100** gram.	TRAMES TEINTES RENDANT **15 p. 0/0** après la teinture. — **Poids exact** déchet compris. — 1,000 grammes rendent **1,150** gram.
Deniers.	Gram. Centig.	Gram. Centig.	Gram. Centig.	Gram. Centig.
18	7 21	7 57	7 93	8 29
19	7 61	7 99	8 37	8 75
20	8 01	8 41	8 81	9 21
21	8 41	8 83	9 25	9 67
22	8 81	9 25	9 69	10 13
23	9 21	9 67	10 13	10 59
24	9 61	10 09	10 57	11 05
25	10 01	10 51	11 01	11 51
26	10 41	10 93	11 45	11 97
27	10 81	11 35	11 89	12 43
28	11 21	11 77	12 33	12 89
29	11 61	12 19	12 77	13 35
30	12 01	12 61	13 21	13 81
31	12 41	13 03	13 65	14 27
32	12 81	13 45	14 09	14 73
33	13 21	13 87	14 53	15 19
34	13 61	14 29	14 97	15 65
35	14 01	14 71	15 41	16 11
40	16 02	16 82	17 62	18 42
45	18 02	18 92	19 82	20 72
50	20 02	21 02	22 02	23 02
55	22 02	23 12	24 22	25 32
60	24 02	25 22	26 42	27 62

DÉMONSTRATION PARTIELLE

DU

TABLEAU DES TRAMES

Rendant à la Teinture

REPRÉSENTÉE

Par une Trame du titre de 26 deniers.

Titre	26^d	**perdant**	**0** p. **0/0**	pèse	10	gr.	41	c.
—	26^d	**rendant**	**20** p. **0/0**	—	12		49	
—	26^d	—	**25** p. **0/0**	—	13		01	
—	26^d	—	**30** p. **0/0**	—	13		53	

Tableau général des Trames

RENDANT A LA TEINTURE

Depuis 5 pour 100 jusqu'à 90 pour 100.

TITRES	TRAMES ÉCRUES Poids d'un bout de **3,690 mètres** de longueur. **36** coups au centimètre **3,600** coups **100** cent. de largeur. — 1,000 grammes rendent **1,000 gram.**		TRAMES TEINTES **RENDANT** **20 p. 0/0** après la teinture. — **Poids exact** déchet compris. — 1,000 grammes rendent **1,200 gram.**		TRAMES TEINTES **RENDANT** **25 p. 0/0** après la teinture. — **Poids exact** déchet compris. — 1,000 grammes rendent **1,250 gram.**		TRAMES TEINTES **RENDANT** **30 p. 0/0** après la teinture. — **Poids exact** déchet compris. — 1,000 grammes rendent **1,300 gram.**	
Deniers.	Gram.	Centig.	Gram.	Centig.	Gram.	Centig.	Gram.	Centig.
18	7	21	8	65	9	01	9	37
19	7	61	9	13	9	51	9	89
20	8	01	9	61	10	01	10	41
21	8	41	10	09	10	51	10	93
22	8	81	10	57	11	01	11	45
23	9	21	11	05	11	51	11	97
24	9	61	11	53	12	01	12	49
25	10	01	12	01	12	51	13	01
26	10	41	12	49	13	01	13	53
27	10	81	12	97	13	51	14	05
28	11	21	13	45	14	01	14	57
29	11	61	13	93	14	51	15	09
30	12	01	14	41	15	01	15	61
31	12	41	14	89	15	51	16	13
32	12	81	15	37	16	01	16	65
33	13	21	15	85	16	51	17	17
34	13	61	16	33	17	01	17	69
35	14	01	16	81	17	51	18	21
40	16	02	19	22	20	02	20	82
45	18	02	21	62	22	52	23	42
50	20	02	24	02	25	02	26	02
55	22	02	26	42	27	52	28	62
60	24	02	28	82	30	02	31	22

DÉMONSTRATION PARTIELLE

DU

TABLEAU DES TRAMES

Rendant à la Teinture

REPRÉSENTÉE

Par une Trame du titre de 26 deniers.

Titre 26^d **perdant** **0** p. **0/0** pèse 10 gr. 41 c.

— 26^d **rendant** **35** p. **0/0** — 14 05

— 26^d — **40** p. **0/0** — 14 57

— 26^d — **45** p. **0/0** — 15 09

Tableau général des Trames

RENDANT A LA TEINTURE

Depuis 5 pour 100 jusqu'à 90 pour 100.

TITRES	TRAMES ÉCRUES Poids d'un bout de **3,690 mètres** de longueur. **36** coups au centimètre **3,600** coups **100** cent. de largeur. — 1,000 grammes rendent 1,000 gram.		TRAMES TEINTES **RENDANT 35 p. 0/0** après la teinture. — **Poids exact** déchet compris. — 1,000 grammes rendent 1,350 gram.		TRAMES TEINTES **RENDANT 40 p. 0/0** après la teinture. — **Poids exact** déchet compris. — 1,000 grammes rendent 1,400 gram.		TRAMES TEINTES **RENDANT 45 p. 0/0** après la teinture. — **Poids exact** déchet compris. — 1,000 grammes rendent 1,450 gram.	
Deniers.	Gram.	Centig.	Gram.	Centig.	Gram.	Centig.	Gram.	Centig.
18	7	21	9	73	10	09	10	45
19	7	61	10	27	10	65	11	03
20	8	01	10	81	11	21	11	61
21	8	41	11	35	11	77	12	19
22	8	81	11	89	12	33	12	77
23	9	21	12	43	12	89	13	35
24	9	61	12	97	13	45	13	93
25	10	01	13	51	14	01	14	51
26	10	41	14	05	14	57	15	09
27	10	81	14	59	15	13	15	67
28	11	21	15	13	15	69	16	25
29	11	61	15	67	16	25	16	83
30	12	01	16	21	16	81	17	41
31	12	41	16	75	17	37	17	99
32	12	81	17	29	17	93	18	57
33	13	21	17	83	18	49	19	15
34	13	61	18	37	19	05	19	73
35	14	01	18	91	19	61	20	31
40	16	02	21	62	22	42	23	22
45	18	02	24	32	25	22	26	12
50	20	02	27	02	28	02	29	02
55	22	02	29	72	30	82	31	92
60	24	02	32	42	33	64	34	82

DÉMONSTRATION PARTIELLE

DU

TABLEAU DES TRAMES

Rendant à la Teinture

REPRÉSENTÉE

Par une Trame du titre de 26 deniers.

Titre 26^d perdant **0** p. **0/0** pèse 10 gr. 41 c.

— 26^d rendant **50** p. **0/0** — 15 61

— 26^d — **55** p. **0/0** — 16 13

— 26^d — **60** p. **0/0** — 16 65

Tableau général des Trames

RENDANT A LA TEINTURE

Depuis 5 pour 100 jusqu'à 90 pour 100.

TITRES	TRAMES ÉCRUES Poids d'un bout de **3,600 mètres** de longueur. **36** coups au centimètre **3,600** coups **100** cent. de largeur. **1,000 grammes** rendent 1,000 gram.		TRAMES TEINTES **RENDANT 50 p. 0/0** après la teinture. **Poids exact** déchet compris. **1,000 grammes** rendent 1,500 gram.		TRAMES TEINTES **RENDANT 55 p. 0/0** après la teinture. **Poids exact** déchet compris. **1,000 grammes** rendent 1,550 gram.		TRAMES TEINTES **RENDANT 60 p. 0/0** après la teinture. **Poids exact** déchet compris. **1,000 grammes** rendent 1,600 gram.	
Deniers.	Gram.	Centig.	Gram.	Centig.	Gram.	Centig.	Gram.	Centig.
18	7	21	10	81	11	17	11	53
19	7	61	11	41	11	79	12	17
20	8	01	12	01	12	41	12	81
21	8	41	12	61	13	03	13	45
22	8	81	13	21	13	65	14	09
23	9	21	13	81	14	27	14	73
24	9	61	14	41	14	89	15	37
25	10	01	15	01	15	21	16	01
26	10	41	15	61	16	13	16	65
27	10	81	16	21	16	75	17	29
28	11	21	16	81	17	37	17	93
29	11	61	17	41	17	99	18	57
30	12	01	18	01	18	61	19	21
31	12	41	18	61	19	23	19	85
32	12	81	19	21	19	85	20	49
33	13	21	19	81	20	47	21	13
34	13	61	20	41	21	09	21	77
35	14	01	21	01	21	71	22	41
40	16	02	24	02	24	82	25	62
45	18	02	27	02	27	92	28	82
50	20	02	30	02	31	02	32	02
55	22	02	33	02	34	12	35	22
60	24	02	36	02	37	22	38	42

DÉMONSTRATION PARTIELLE

DU

TABLEAU DES TRAMES

Rendant à la Teinture

REPRÉSENTÉE

Par une Trame du titre de 26 deniers.

———

Titre 26^d **perdant** **0** p. **0/0** pèse 10 gr. 41 c.
— 26^d **rendant** **65** p. **0/0** — 17 17
— 26^d — **70** p. **0/0** — 17 69
— 26^d — **75** p. **0/0** — 18 21

Tableau général des Trames

RENDANT A LA TEINTURE

Depuis 5 pour 100 jusqu'à 90 pour 100.

TITRES	TRAMES ÉCRUES Poids d'un bout de **3,690 mètres** de longueur. **36** coups au centimètre **3,600** coups **100** cent. de largeur. **1,000 grammes** rendent 1,000 gram.		TRAMES TEINTES **RENDANT 65 p. 0/0** après la teinture. **Poids exact** déchet compris. **1,000 grammes** rendent 1,650 gram.		TRAMES TEINTES **RENDANT 70 p. 0/0** après la teinture. **Poids exact** déchet compris. **1,000 grammes** rendent 1,700 gram.		TRAMES TEINTES **RENDANT 75 p. 0/0** après la teinture. **Poids exact** déchet compris. **1,000 grammes** rendent 1,750 gram.	
Deniers.	Gram.	Centig.	Gram.	Centig.	Gram.	Centig.	Gram.	Centig.
18	7	21	11	89	12	25	12	61
19	7	61	12	55	12	93	13	31
20	8	01	13	21	13	61	14	01
21	8	41	13	87	14	29	14	71
22	8	81	14	53	14	97	15	41
23	9	21	15	19	15	65	16	11
24	9	61	15	85	16	33	16	81
25	10	01	16	51	17	01	17	51
26	10	41	17	17	17	69	18	21
27	10	81	17	83	18	37	18	91
28	11	21	18	49	19	05	19	61
29	11	61	19	15	19	73	20	31
30	12	01	19	81	20	41	21	01
31	12	41	20	47	21	09	21	71
32	12	81	21	13	21	77	22	41
33	13	21	21	79	22	45	23	11
34	13	61	22	45	23	13	23	81
35	14	01	23	11	23	81	24	51
40	16	02	26	42	27	22	28	02
45	18	02	29	72	30	62	31	52
50	20	02	33	02	34	02	35	02
55	22	02	36	32	37	42	38	52
60	24	02	39	62	40	82	42	02

DÉMONSTRATION PARTIELLE

DU

TABLEAU DES TRAMES

Rendant à la Teinture

REPRÉSENTÉE

Par une Trame du titre de 26 deniers.

———

Titre 26^d **perdant 0** p. 0/0 pèse 10 gr. 41 c.
 — 26^d **rendant 80** p. 0/0 — 18 73
 — 26^d —   **85** p. 0/0 — 19 25
 — 26^d —   **90** p. 0/0 — 19 77

Tableau général des Trames

RENDANT A LA TEINTURE

Depuis 5 pour 100 jusqu'à 90 pour 100.

TITRES	TRAMES ÉCRUES Poids d'un bout de **3,690 mètres** de longueur. **36** coups au centimètre **3,600** coups **100** cent. de largeur. — 1,000 grammes rendent 1,000 gram.		TRAMES TEINTES **RENDANT 80 p. 0/0** après la teinture. — **Poids exact** déchet compris. — 1,000 grammes rendent 1,800 gram.		TRAMES TEINTES **RENDANT 85 p. 0/0** après la teinture. — **Poids exact** déchet compris. — 1,000 grammes rendent 1,850 gram.		TRAMES TEINTES **RENDANT 90 p. 0/0** après la teinture. — **Poids exact** déchet compris. — 1,000 grammes rendent 1,900 gram.	
Deniers.	Gram.	Centig.	Gram.	Centig.	Gram.	Centig.	Gram.	Centig.
18	7	21	12	97	13	33	13	69
19	7	61	13	69	14	07	14	45
20	8	01	14	41	14	81	15	21
21	8	41	15	13	15	55	15	97
22	8	81	15	85	16	29	16	73
23	9	21	16	57	17	03	17	49
24	9	61	17	29	17	77	18	25
25	10	01	18	01	18	51	19	01
26	10	41	18	73	19	25	19	77
27	10	81	19	45	19	99	20	53
28	11	21	20	17	20	73	21	29
29	11	61	20	89	21	47	22	05
30	12	01	21	61	22	21	22	81
31	12	41	22	33	22	95	23	57
32	12	81	23	05	23	69	24	33
33	13	21	23	77	24	43	25	09
34	13	61	24	49	25	17	25	85
35	14	01	25	21	25	91	26	61
40	16	02	28	84	29	64	30	44
45	18	02	32	44	33	34	34	24
50	20	02	36	04	37	04	38	04
55	22	02	39	64	40	74	41	84
60	24	02	43	24	44	44	45	64

TABLEAUX

DES

ORGANSINS COMPTÉS EN PORTÉES

Dans diverses Teintures et dans divers Titres

18/19, 19/20, 20/21, 21/22, 22/23, 23/24, 24/25, 25/26, 26/27, 27/28, 28/30, 30/32.

Par ces tableaux, on connaîtra immédiatement le poids que donnera, déchet compris et sans embuvages, **le mètre écru d'une chaîne organsin à fils simples** à mettre à la teinture, comme aussi le poids du mètre d'une chaîne organsin perdant depuis 5 p. 0/0 jusqu'à 25 p. 0/0, et comptée depuis **30 portées jusqu'à 125 portées.**

Ces tableaux sont d'une utilité incontestable pour connaître le poids **écru ou cuit** d'un organsin, pour fabriquer une étoffe quelconque ou pour en faire **le prix de revient,** dans tous les titres, dans tous les comptes de portées et dans diverses teintures.

Ces tableaux indiquent **le poids réel** que l'on devra mettre à la teinture; et, si la soie employée est réellement **du titre essayé,** il devra n'y avoir **ni manquant, ni restant.**

EXEMPLE A SUIVRE

POUR TOUTES LES CHAINES ORGANSINS

Que l'on désirera mettre à la Teinture.

On désire mettre à la teinture **une chaîne organsin de 19/20ᵈ**, pour être ourdie en 60 portées doubles de 55 mètres de longueur.

ON PROCÈDE AINSI :

On regarde dans la colonne **de l'organsin écru**, et on descend jusqu'au nombre **de 60 portées**; on suit du regard la ligne placée horizontalement dans la colonne écrue : à l'endroit indiqué, on trouve le poids **de 10 grammes 41 centigrammes**, poids que donnent **écrues 60 portées simples d'un mètre de longueur**; on double le poids, attendu que la pièce que l'on désire mettre à la teinture doit être employée **à fils doubles**; le poids doublé donne **20 grammes 82 centigrammes**, que la chaîne pèsera dans le nombre **de 60 portées doubles de 55 mètres de longueur.**

Poids de la chaîne à 1 fil simple	10 gr. 41 c.
Multiplié par.	2
Poids de la chaîne à fils doubles	20 gr. 82 c.

On multiplie le nombre **20 grammes 82 centigrammes** par 55, qui est **le nombre de mètres** que la pièce doit avoir; le produit obtenu représente le poids de chaîne **écrue à fils dou-bles** qui entrera dans la pièce précitée.

Nota. — Pour l'exemple ci-dessus on consultera le tableau du titre 19/20 deniers.

Poids de la chaîne à 1 fil double   20 gr. 82 c.
Multiplié par . . . .   55 mètres.

$$\begin{array}{r} 10410 \\ 10410 \\ \hline 1145{,}10 \end{array}$$

Poids qu'il faudra **d'organsin écru** pour fabriquer **60 portées doubles de 55 mètres de longueur** du titre de 19/20^d, et que l'on devra mettre à la teinture.

Pour la mise à la teinture d'une pièce **de 60 portées à fils simples**, on n'a qu'à multiplier **10 grammes 41 centigrammes** par **55 mètres**, et la multiplication donnera **572 grammes 55 centigrammes**, poids que l'on mettra à la teinture.

DESCRIPTION SUR LE POIDS DES PORTÉES

DES

TABLEAUX D'ORGANSINS.

On désire fabriquer une pièce de 52 portées simples, d'un organsin du titre de 24/25ᵈ; on cherche **au grand tableau,** dans la colonne des portées, **le nombre 50**; on cherche également, sur la même ligne horizontale, dans la colonne **perdant 25 p. 0/0,** le poids que donneront 50 portées : **on trouve 8 grammes 17 centigrammes.**

Pour connaître le poids des deux portées, on cherche **au petit tableau,** dans la colonne des portées, **le nombre 2 ;** on cherche également sur la même ligne horizontale, dans la colonne **perdant 25 p. 0/0,** le poids que donneront deux portées : **on trouve 32 centigrammes 68 milligrammes.**

On additionne les deux poids trouvés, ce qui donne **un total de 8 grammes 49 centigrammes.**

EXEMPLE.

Organsin cuit, perdant 25 p. 0/0, du titre 24/25ᵈ.

50 portées simples pèsent	8 gr. 17 c.
2 — — —	32 68 milligr.
52 portées simples pèsent	8 gr. 49 c. 68 milligr.

Dans le grand tableau, **la gradation des portées** marche par 5 portées : 30, 35, 40 portées, etc., etc.

Dans le petit tableau, qui est au-dessous du grand tableau, **la gradation des portées** marche par 1 portée : 2, 3 et 4 portées.

TABLEAUX DES ORGANSINS.

DÉMONSTRATION PARTIELLE

DU

TABLEAU DES ORGANSINS

DU TITRE 18/19

POIDS DU MÈTRE ÉCRU ET PERDANT A LA TEINTURE

Depuis 5 pour 100 jusqu'à 25 pour 100.

---

60 portées simples **perdant**	**0** p. 0/0 pèsent	9 gr. 87 c.
60 — — —	**5** p. 0/0 —	9 38
60 — — —	**10** p. 0/0 —	8 89
60 — — —	**15** p. 0/0 —	8 40
60 — — —	**20** p. 0/0 —	7 91
60 — — —	**25** p. 0/0 —	7 42

TABLEAU DES ORGANSINS ÉCRUS

ET DES ORGANSINS PERDANT A LA TEINTURE

Depuis 5 pour 100 jusqu'à 25 pour 100

DU TITRE 18/19.

Nombre de PORTÉES à fils simples de UN MÈTRE de longueur.	ORGANSINS ÉCRUS PERDANT 0 p. 0/0 déchet compris — 1,000 gram. rendent 1,000 gram.		ORGANSINS TEINTS PERDANT 5 p. 0/0 déchet compris — 1,000 gram. rendent 950 grammes		ORGANSINS TEINTS PERDANT 10 p. 0/0 déchet compris — 1,000 gram. rendent 900 grammes.		ORGANSINS TEINTS PERDANT 15 p. 0/0 déchet compris — 1,000 gram. rendent 850 grammes		ORGANSINS TEINTS PERDANT 20 p. 0/0 déchet compris — 1,000 gram. rendent 800 grammes		ORGANSINS TEINTS PERDANT 25 p. 0/0 déchet compris — 1,000 gram. rendent 750 grammes	
Portées.	Gram.	Centig.	Gram.	Centig.	Gram.	Centig.	Gram.	Centig.	Gram.	Centig.	Gram.	Centig.
30	4	93	4	69	4	44	4	20	3	95	3	70
35	5	76	5	48	5	19	4	90	4	61	4	32
40	6	58	6	26	5	93	5	60	5	27	4	94
45	7	40	7	03	6	66	6	30	5	93	5	56
50	8	23	7	82	7	41	7	»	6	59	6	18
55	9	05	8	60	8	15	7	70	7	25	6	80
60	9	87	9	38	8	89	8	40	7	91	7	42
65	10	70	10	17	9	63	9	10	8	57	8	04
70	11	52	10	95	10	37	9	80	9	23	8	66
75	12	34	11	71	11	11	10	50	9	89	9	28
80	13	16	12	49	11	85	11	20	10	55	9	90
85	13	98	13	28	12	59	11	90	11	21	10	52
90	14	80	14	06	13	32	12	60	11	87	11	14
95	15	63	14	85	14	07	13	30	12	53	11	76
100	16	45	15	63	14	81	14	»	13	19	12	38
105	17	27	16	42	15	55	14	70	13	85	13	»
110	18	10	17	20	16	29	15	40	14	51	13	62
115	18	92	17	99	17	03	16	10	15	17	14	24
120	19	74	18	77	17	77	16	80	15	83	14	86
125	20	57	19	56	18	52	17	50	16	49	15	48
Portées.	Centig.	Millig.	Centig.	Millig.	Centig.	Millig.	Centig.	Millig.	Centig.	Millig.	Centig.	Millig.
1	16	46	15	64	14	82	14	»	13	17	12	35
2	32	92	31	28	29	64	28	»	26	34	24	70
3	49	38	46	92	44	46	42	»	39	51	37	05
4	65	84	62	56	59	28	56	»	52	68	49	40

DÉMONSTRATION PARTIELLE

DU

TABLEAU DES ORGANSINS

DU TITRE 19/20

POIDS DU MÈTRE ÉCRU ET PERDANT A LA TEINTURE

Depuis 5 pour 100 jusqu'à 25 pour 100.

---

60 portées simples	**perdant**	**0 p. 0/0**	pèsent	10 gr.	41 c.
60 —	—	—	**5 p. 0/0**	—	9	89
60 —	—	—	**10 p. 0/0**	—	9	37
60 —	—	—	**15 p. 0/0**	—	8	85
60 —	—	—	**20 p. 0/0**	—	8	33
60 —	—	—	**25 p. 0/0**	—	7	80

TABLEAU DES ORGANSINS ÉCRUS

ET DES ORGANSINS PERDANT A LA TEINTURE

Depuis 5 pour 100 jusqu'à 25 pour 100

DU TITRE 19/20.

Nombre de PORTÉES à fils simples de UN MÈTRE de longueur.	ORGANSINS ÉCRUS PERDANT 0 p. 0/0 déchet compris — 1,000 gram. rendent 1,000 gram.		ORGANSINS TEINTS PERDANT 5 p. 0/0 déchet compris — 1,000 gram. rendent 950 grammes		ORGANSINS TEINTS PERDANT 10 p. 0/0 déchet compris — 1,000 gram. rendent 900 grammes		ORGANSINS TEINTS PERDANT 15 p. 0/0 déchet compris — 1,000 gram. rendent 850 grammes		ORGANSINS TEINTS PERDANT 20 p. 0/0 déchet compris — 1,000 gram. rendent 800 grammes		ORGANSINS TEINTS PERDANT 25 p. 0/0 déchet compris — 1,000 gram. rendent 750 grammes	
Portées.	Gram.	Centig.	Gram.	Centig.	Gram.	Centig.	Gram.	Centig.	Gram.	Centig.	Gram.	Centig.
30	5	20	4	94	4	68	4	42	4	16	3	90
35	6	07	5	76	5	46	5	16	4	85	4	55
40	6	94	6	59	6	24	5	90	5	55	5	20
45	7	80	7	41	7	02	6	63	6	24	5	85
50	8	67	8	24	7	81	7	37	6	94	6	50
55	9	54	9	06	8	59	8	11	7	63	7	15
60	10	41	9	89	9	37	8	85	8	33	7	80
65	11	28	10	71	10	15	9	58	9	02	8	45
70	12	14	11	53	10	93	10	32	9	71	9	11
75	13	01	12	36	11	71	11	06	10	41	9	76
80	13	88	13	18	12	49	11	80	11	10	10	41
85	14	75	14	01	13	27	12	53	11	80	11	06
90	15	61	14	83	14	05	13	27	12	49	11	71
95	16	48	15	66	14	83	14	01	13	19	12	36
100	17	35	16	48	15	62	14	75	13	88	13	01
105	18	22	17	30	16	40	15	48	14	57	13	66
110	19	08	18	13	17	18	16	22	15	27	13	81
115	19	95	18	95	17	96	16	96	15	96	14	46
120	20	82	19	78	18	74	17	70	16	66	15	11
125	21	69	20	60	19	52	18	43	17	35	15	76

Portées.	Centig.	Millig.	Centig.	Millig.	Centig.	Millig.	Centig.	Millig.	Centig.	Millig.	Centig.	Millig.
1	17	35	16	48	15	62	14	75	13	88	13	01
2	34	70	32	97	31	24	29	50	27	77	26	03
3	52	05	49	45	46	86	44	25	41	65	39	04
4	69	40	65	94	62	48	59	»	55	53	52	06

DÉMONSTRATION PARTIELLE

DU

TABLEAU DES ORGANSINS

DU TITRE 20/21

POIDS DU MÈTRE ÉCRU ET PERDANT A LA TEINTURE

Depuis 5 pour 100 jusqu'à 25 pour 100.

---

60 portées simples	**perdant**	**0 p. 0/0**	pèsent	10 gr.	94 c.
60 — — —		**5 p. 0/0**	—	10	39
60 — — —		**10 p. 0/0**	—	9	85
60 — — —		**15 p. 0/0**	—	9	30
60 — — —		**20 p. 0/0**	—	8	75
60 — — —		**25 p. 0/0**	—	8	20

TABLEAU DES ORGANSINS ÉCRUS

ET DES ORGANSINS PERDANT A LA TEINTURE

Depuis 5 pour 100 jusqu'à 25 pour 100

DU TITRE 20/21.

Nombre de PORTÉES à fils simples de UN MÈTRE de longueur.	ORGANSINS ÉCRUS PERDANT 0 p. 0/0 déchet compris — 1,000 gram. rendent 1,000 gram.		ORGANSINS TEINTS PERDANT 5 p. 0/0 déchet compris — 1,000 gram. rendent 950 grammes		ORGANSINS TEINTS PERDANT 10 p. 0/0 déchet compris — 1,000 gram. rendent 900 grammes		ORGANSINS TEINTS PERDANT 15 p. 0/0 déchet compris — 1,000 gram. rendent 850 grammes		ORGANSINS TEINTS PERDANT 20 p. 0/0 déchet compris — 1,000 gram. rendent 800 grammes		ORGANSINS TEINTS PERDANT 25 p. 0/0 déchet compris — 1,000 gram. rendent 750 grammes	
Portées.	Gram.	Centig.	Gram.	Centig.	Gram.	Centig.	Gram.	Centig.	Gram.	Centig.	Gram.	Centig.
30	5	47	5	19	4	92	4	65	4	37	4	10
35	6	38	6	06	5	74	5	42	5	10	4	78
40	7	29	6	93	6	56	6	20	5	83	5	47
45	8	20	7	79	7	38	6	97	6	56	6	15
50	9	12	8	66	8	21	7	75	7	29	6	84
55	10	03	9	53	9	03	8	52	8	02	7	52
60	10	94	10	39	9	85	9	30	8	75	8	20
65	11	85	11	26	10	67	10	07	9	48	8	89
70	12	76	12	13	11	49	10	85	10	21	9	57
75	13	68	12	99	12	31	11	62	10	94	10	26
80	14	59	13	86	13	13	12	40	11	67	10	94
85	15	50	14	73	13	95	13	17	12	40	11	62
90	16	41	15	59	14	77	13	95	13	13	12	31
95	17	32	16	46	15	59	14	73	13	86	12	99
100	18	24	17	33	16	42	15	50	14	59	13	68
105	19	15	18	19	17	24	16	28	15	31	14	36
110	20	06	19	06	18	06	17	05	16	04	15	04
115	20	97	19	92	18	88	17	83	16	77	15	73
120	21	88	20	79	19	70	18	60	17	50	16	41
125	22	80	21	66	20	52	19	38	18	23	17	10
Portées.	Centig.	Millig.	Centig.	Millig.	Centig.	Millig.	Centig.	Millig.	Centig.	Millig.	Centig.	Millig.
1	18	24	17	33	16	42	15	50	14	59	13	68
2	36	48	34	66	32	84	31	»	29	18	27	36
3	54	72	51	99	49	26	46	50	43	77	41	04
4	72	96	69	32	65	68	62	»	58	36	54	72

DÉMONSTRATION PARTIELLE

DU

TABLEAU DES ORGANSINS

DU TITRE 21/22

POIDS DU MÈTRE ÉCRU ET PERDANT A LA TEINTURE

Depuis 5 pour 100 jusqu'à 25 pour 100.

---

60 portées simples **perdant**	**0 p. 0/0**	pèsent	11 gr.	47 c.
60 — — —	**5 p. 0/0**	—	10	90
60 — — —	**10 p. 0/0**	—	10	33
60 — — —	**15 p. 0/0**	—	9	75
60 — — —	**20 p. 0/0**	—	9	18
06 — — —	**25 p. 0/0**	—	8	60

TABLEAU DES ORGANSINS ÉCRUS

ET DES ORGANSINS PERDANT A LA TEINTURE

Depuis 5 pour 100 jusqu'à 25 pour 100

DU TITRE 21/22.

Nombre de PORTÉES à fils simples de UN MÈTRE de longueur.	ORGANSINS ÉCRUS PERDANT 0 p. 0/0 déchet compris 1,000 gram. rendent 1,000 gram.		ORGANSINS TEINTS PERDANT 5 p. 0/0 déchet compris 1,000 gram. rendent 950 grammes		ORGANSINS TEINTS PERDANT 10 p. 0/0 déchet compris 1,000 gram. rendent 900 grammes		ORGANSINS TEINTS PERDANT 15 p. 0/0 déchet compris 1,000 gram. rendent 850 grammes		ORGANSINS TEINTS PERDANT 20 p. 0/0 déchet compris 1,000 gram. rendent 800 grammes		ORGANSINS TEINTS PERDANT 25 p. 0/0 déchet compris 1,000 grsm. rendent 750 grammes	
Portées.	Gram.	Centig.	Gram.	Centig.	Gram.	Centig.	Gram.	Centig.	Gram.	Centig.	Gram.	Centig.
30	5	73	5	45	5	16	4	87	4	59	4	30
35	6	69	6	36	6	02	5	69	5	35	5	02
40	7	64	7	26	6	88	6	50	6	12	5	73
45	8	60	8	17	7	74	7	31	6	88	6	45
50	9	56	9	08	8	61	8	13	7	65	7	17
55	10	51	9	99	9	47	8	94	8	41	7	88
60	11	47	10	90	10	33	9	75	9	18	8	60
65	12	43	11	81	11	19	10	56	9	94	9	32
70	13	38	12	72	12	05	11	38	10	71	10	04
75	14	34	13	63	12	91	12	19	11	47	10	75
80	15	29	14	53	13	77	13	»	12	24	11	47
85	16	25	15	44	14	63	13	82	13	»	12	19
90	17	21	16	35	15	49	14	63	13	77	12	90
95	18	16	17	26	16	35	15	44	14	53	13	62
100	19	12	18	17	17	22	16	26	15	30	14	34
105	20	08	19	08	18	08	17	07	16	06	15	06
110	21	03	19	99	18	94	17	88	16	83	15	77
115	21	99	20	90	19	80	18	69	17	59	16	49
120	22	94	21	80	20	66	19	51	18	36	17	21
125	23	90	22	71	21	52	20	32	19	12	17	93
Portées.	Centig.	Millig.	Centig.	Millig.	Centig.	Millig.	Centig.	Millig.	Centig.	Millig.	Centig.	Millig.
1	19	12	18	17	17	22	16	26	15	30	14	34
2	38	24	36	35	34	44	32	52	30	60	28	69
3	57	36	54	52	51	66	48	78	45	90	43	03
4	76	48	72	70	68	88	65	04	61	20	57	38

DÉMONSTRATION PARTIELLE

DU

TABLEAU DES ORGANSINS

DU TITRE 22/23

POIDS DU MÈTRE ÉCRU ET PERDANT A LA TEINTURE

Depuis 5 pour 100 jusqu'à 25 pour 100.

---

60 portées simples	**perdant**	**0 p. 0/0**	pèsent 12 gr.	» c.
60 — — —		**5 p. 0/0**	— 11	41
60 — — —		**10 p. 0/0**	— 10	81
60 — — —		**15 p. 0/0**	— 10	21
60 — — —		**20 p. 0/0**	— 9	60
60 — — —		**25 p. 0/0**	— 9	»

TABLEAU DES ORGANSINS ÉCRUS

ET DES ORGANSINS PERDANT A LA TEINTURE

Depuis 5 pour 100 jusqu'à 25 pour 100

DU TITRE 22/23.

Nombre de PORTÉES à fils simples de UN MÈTRE de longueur.	ORGANSINS ÉCRUS PERDANT 0 p. 0/0 déchet compris — 1,000 gram. rendent 1,000 gram.		ORGANSINS TEINTS PERDANT 5 p. 0/0 déchet compris — 1,000 gram. rendent 950 grammes		ORGANSINS TEINTS PERDANT 10 p. 0/0 déchet compris — 1,000 gram. rendent 900 grammes.		ORGANSINS TEINTS PERDANT 15 p. 0/0 déchet compris — 1,000 gram. rendent 850 grammes		ORGANSINS TEINTS PERDANT 20 p. 0/0 déchet compris — 1,000 gram. rendent 800 grammes		ORGANSINS TEINTS PERDANT 25 p. 0/0 déchet compris — 1,009 gram. rendent 750 grammes	
Portées.	Gram.	Centig.	Gram.	Centig.	Gram.	Centig.	Gram.	Centig.	Gram.	Centig.	Gram.	Ceutig.
30	6	»	5	70	5	40	5	10	4	80	4	50
35	7	»	6	65	6	30	5	95	5	60	5	25
40	8	»	7	60	7	20	6	80	6	40	6	»
45	9	»	8	55	8	10	7	65	7	20	6	75
50	10	»	9	51	9	01	8	51	8	»	7	50
55	11	»	10	46	9	91	9	36	8	80	8	25
60	12	»	11	41	10	81	10	21	9	60	9	»
65	13	»	12	36	11	71	11	06	10	40	9	75
70	14	01	13	31	12	61	11	91	11	21	10	51
75	15	01	14	26	13	51	12	76	12	01	11	26
80	16	01	15	21	14	41	13	61	12	81	12	01
85	17	01	16	16	15	31	14	46	13	61	12	76
90	18	01	17	11	16	21	15	31	14	41	13	51
95	19	01	18	06	17	11	16	16	15	21	14	26
100	20	01	19	02	18	02	17	02	16	01	15	01
105	21	01	19	97	18	92	17	87	16	81	15	76
110	22	01	20	92	19	82	18	72	17	61	16	51
115	23	01	21	87	20	72	19	57	18	41	17	26
120	24	01	22	82	21	62	20	42	19	21	18	01
125	25	01	23	77	22	52	21	27	20	01	18	76
Portées.	Centig.	Millig.	Centig.	Millig.	Centig.	Millig.	Centig.	Millig.	Centig.	Millig.	Centig.	Millig.
1	20	01	19	02	18	02	17	02	16	01	15	01
2	40	02	38	04	36	04	34	04	32	02	30	02
3	60	03	57	06	54	06	51	06	48	03	45	03
4	80	04	76	08	72	08	68	08	64	04	60	04

DÉMONSTRATION PARTIELLE

DU

TABLEAU DES ORGANSINS

DU TITRE 23/24

POIDS DU MÈTRE ÉCRU ET PERDANT A LA TEINTURE

Depuis 5 pour 100 jusqu'à 25 pour 100.

---

60 portées simples	**perdant**	**0 p. 0/0**	pèsent	12 gr.	54 c.
60 — — —		**5 p. 0/0**	—	11	91
60 — — —		**10 p. 0/0**	—	11	29
60 — — —		**15 p. 0/0**	—	10	66
60 — — —		**20 p. 0/0**	—	10	03
60 — — —		**25 p. 0/0**	—	9	40

TABLEAU DES ORGANSINS ÉCRUS

ET DES ORGANSINS PERDANT A LA TEINTURE

Depuis 5 pour 100 jusqu'à 25 pour 100

DU TITRE 23/24.

Nombre de PORTÉES à fils simples de UN MÈTRE de longueur.	ORGANSINS ÉCRUS PERDANT 0 p. 0/0 déchet compris — 1,000 gram. rendent 1,000 gram.		ORGANSINS TEINTS PERDANT 5 p. 0/0 déchet compris — 1,000 gram. rendent 950 grammes		ORGANSINS TEINTS PERDANT 10 p. 0/0 déchet compris — 1,000 gram. rendent 900 grammes		ORGANSINS TEINTS PERDANT 15 p. 0/0 déchet compris — 1,000 gram. rendent 850 grammes		ORGANSINS TEINTS PERDANT 20 p. 0/0 déchet compris — 1,000 gram. rendent 800 grammes		ORGANSINS TEINTS PERDANT 25 p. 0/0 déchet compris — 1,000 gram. rendent 750 grammes	
Portées.	Gram.	Centig.	Gram.	Centig.	Gram.	Centig.	Gram.	Centig.	Gram.	Centig.	Gram.	Centig.
30	6	27	5	95	5	64	5	33	5	01	4	70
35	7	31	6	95	6	58	6	22	5	85	5	48
40	8	36	7	94	7	52	7	11	6	68	6	27
45	9	40	8	93	8	46	7	99	7	52	7	05
50	10	45	9	93	9	41	8	88	8	36	7	84
55	11	49	10	92	10	35	9	77	9	19	8	62
60	12	54	11	91	11	29	10	66	10	03	9	40
65	13	58	12	90	12	23	11	55	10	87	10	19
70	14	63	13	90	13	17	12	44	11	70	10	97
75	15	67	14	89	14	11	13	33	12	54	11	76
80	16	72	15	88	15	05	14	22	13	37	12	54
85	17	76	16	88	15	99	15	10	14	21	13	32
90	18	81	17	87	16	93	15	99	15	05	14	11
95	19	85	18	86	17	87	16	88	15	88	14	89
100	20	90	19	86	18	82	17	77	16	72	15	68
105	21	94	20	85	19	76	18	66	17	56	16	46
110	22	99	21	84	20	70	19	55	18	39	17	24
115	24	03	22	83	21	64	20	44	19	23	18	03
120	25	08	23	83	22	58	21	33	20	06	18	81
125	26	13	24	82	23	52	22	22	20	90	19	60
Portées.	Centig.	Millig.	Centig.	Millig.	Centig.	Millig.	Centig.	Millig.	Centig.	Millig.	Centig.	Millig.
1	20	90	19	86	18	82	17	77	16	72	15	68
2	41	80	39	72	37	64	35	54	33	44	31	36
3	62	70	59	58	56	46	53	31	50	16	47	04
4	83	60	79	44	75	28	71	08	66	88	62	72

DÉMONSTRATION PARTIELLE

DU

TABLEAU DES ORGANSINS

DU TITRE 24/25

POIDS DU MÈTRE ÉCRU ET PERDANT A LA TEINTURE

Depuis 5 pour 100 jusqu'à 25 pour 100.

60	portées simples	**perdant**	0 p. 0/0	pèsent	13	gr.	07	c.
60	—	—	—	5 p. 0/0	—	12	42	
60	—	—	—	10 p. 0/0	—	11	77	
60	—	—	—	15 p. 0/0	—	11	11	
60	—	—	—	20 p. 0/0	—	10	46	
60	—	—	—	25 p. 0/0	—	9	80	

TABLEAU DES ORGANSINS ÉCRUS

ET DES ORGANSINS PERDANT A LA TEINTURE

Depuis 5 pour 100 jusqu'à 25 pour 100

DU TITRE 24/25.

Nombre de PORTÉES à fils simples de UN MÈTRE de longueur.	ORGANSINS ÉCRUS PERDANT 0 p. 0/0 déchet compris — 1,000 gram. rendent 1,000 gram.		ORGANSINS TEINTS PERDANT 5 p. 0/0 déchet compris — 1,000 gram. rendent 950 grammes		ORGANSINS TEINTS PERDANT 10 p. 0/0 déchet compris — 1,000 gram. rendent 900 grammes.		ORGANSINS TEINTS PERDANT 15 p. 0/0 déchet compris — 1,000 gram. rendent 850 grammes		ORGANSINS TEINTS PERDANT 20 p. 0/0 déchet compris — 1,000 gram. rendent 800 grammes		ORGANSINS TEINTS PERDANT 25 p. 0/0 déchet compris — 1,000 gram. rendent 750 grammes	
Portées.	Gram.	Centig.	Gram.	Centig.	Gram.	Centig.	Gram.	Centig.	Gram.	Centig.	Gram.	Centig.
30	6	53	6	21	5	88	5	55	5	23	4	90
35	7	62	7	24	6	86	6	48	6	10	5	72
40	8	71	8	28	7	84	7	40	6	97	6	53
45	9	80	9	31	8	82	8	33	7	84	7	35
50	10	89	10	35	9	81	9	26	8	71	8	17
55	11	98	11	38	10	79	10	18	9	58	8	98
60	13	07	12	42	11	77	11	11	10	46	9	80
65	14	16	13	45	12	75	12	04	11	33	10	62
70	15	25	14	49	13	73	12	96	12	20	11	44
75	16	34	15	52	14	71	13	89	13	07	12	25
80	17	43	16	56	15	69	14	81	13	94	13	07
85	18	52	17	59	16	67	15	74	14	81	13	89
90	19	61	18	63	17	65	16	67	15	69	14	70
95	20	70	19	66	18	63	17	59	16	56	15	52
100	21	79	20	70	19	62	18	52	17	43	16	34
105	22	88	21	73	20	60	19	45	18	30	17	16
110	23	97	22	77	21	58	20	37	19	17	17	97
115	25	06	23	80	22	56	21	30	20	04	18	79
120	26	15	24	84	23	54	22	22	20	92	19	61
125	27	24	25	88	24	52	23	15	21	79	20	43

Portées.	Centig.	Millig.	Centig.	Millig.	Centig.	Millig.	Centig.	Millig.	Centig.	Millig.	Centig.	Millig.
1	21	79	20	70	19	62	18	52	17	43	16	34
2	43	58	41	40	39	24	37	04	34	86	32	68
3	65	37	62	10	58	86	55	56	52	29	49	02
4	87	16	82	80	78	48	74	08	69	72	65	36

DÉMONSTRATION PARTIELLE

DU

TABLEAU DES ORGANSINS

DU TITRE 25/26

POIDS DU METRE ÉCRU ET PERDANT A LA TEINTURE

Depuis 5 pour 100 jusqu'à 25 pour 100.

---

60 portées simples	**perdant**	0 p. 0/0	pèsent 13 gr. 61 c.
60 — — —	5 p. 0/0	— 12	93
60 — — —	10 p. 0/0	— 12	25
60 — — —	15 p. 0/0	— 11	56
60 — — —	20 p. 0/0	— 10	88
60 — — —	25 p. 0/0	— 10	20

TABLEAU DES ORGANSINS ÉCRUS

ET DES ORGANSINS PERDANT A LA TEINTURE

Depuis 5 pour 100 jusqu'à 25 pour 100

DU TITRE 25/26.

Nombre de PORTÉES à fils simples de UN MÈTRE de longueur.	ORGANSINS ÉCRUS PERDANT 0 p. 0/0 déchet compris — 1,000 gram. rendent 1,000 gram.		ORGANSINS TEINTS PERDANT 5 p. 0/0 déchet compris — 1,000 gram. rendent 950 grammes		ORGANSINS TEINTS PERDANT 10 p. 0/0 déchet compris — 1,000 gram. rendent 900 grammes		ORGANSINS TEINTS PERDANT 15 p. 0/0 déchet compris — 1,000 gram. rendent 850 grammes		ORGANSINS TEINTS PERDANT 20 p. 0/0 déchet compris — 1,000 gram. rendent 800 grammes		ORGANSINS TEINTS PERDANT 25 p. 0/0 déchet compris — 1,000 gram. rendent 750 grammes	
Portées.	Gram.	Centig.	Gram.	Centig.	Gram.	Centig.	Gram.	Centig.	Gram.	Centig.	Gram.	Centig.
30	6	80	6	46	6	12	5	78	5	44	5	10
35	7	93	7	54	7	14	6	74	6	35	5	95
40	9	07	8	62	8	16	7	71	7	25	6	80
45	10	20	9	69	9	18	8	67	8	16	7	65
50	11	34	10	77	10	21	9	64	9	07	8	50
55	12	47	11	85	11	23	01	60	9	97	9	35
60	13	61	12	93	12	25	11	56	10	88	10	20
65	14	74	14	»	13	27	12	53	11	79	11	05
70	15	87	15	08	14	29	13	49	12	70	11	91
75	17	01	16	16	15	31	14	46	13	60	12	76
80	18	14	17	24	16	33	15	42	14	51	13	61
85	19	28	18	31	17	35	16	38	15	42	14	46
90	20	41	19	39	18	37	17	35	16	32	15	31
95	21	55	20	47	19	39	18	31	17	23	16	16
100	22	68	21	55	20	42	19	28	18	14	17	01
105	23	81	22	62	21	44	20	24	19	05	17	86
110	24	95	23	70	22	46	21	20	19	95	18	71
115	26	08	24	78	23	48	22	17	20	86	19	56
120	27	22	25	86	24	50	23	13	21	77	20	41
125	28	35	26	93	25	52	24	10	22	68	21	26

Portées.	Centig.	Millig.	Centig.	Millig.	Centig.	Millig.	Centig.	Millig.	Centig.	Millig.	Centig.	Millig.
1	22	68	21	55	20	42	19	28	18	14	17	01
2	45	36	43	10	40	84	38	56	36	28	34	02
3	68	04	64	65	61	26	57	84	54	42	51	03
4	90	72	86	20	81	68	77	12	72	56	68	04

DÉMONSTRATION PARTIELLE

DU

TABLEAU DES ORGANSINS

DU TITRE 26/27

POIDS DU MÈTRE ÉCRU ET PERDANT A LA TEINTURE

Depuis 5 pour 100 jusqu'à 25 pour 100.

---

60 portées simples	**perdant**	**0** p. **0/0**	pèsent	14 gr.	14 c.
60	—	—	—	**5** p. **0/0**	—	13	43
60	—	—	—	**10** p. **0/0**	—	12	73
60	—	—	—	**15** p. **0/0**	—	12	02
60	—	—	—	**20** p. **0/0**	—	11	31
60	—	—	—	**25** p. **0/0**	—	10	60

TABLEAU DES ORGANSINS ÉCRUS

ET DES ORGANSINS PERDANT A LA TEINTURE

Depuis 5 pour 100 jusqu'à 25 pour 100

DU TITRE 26/27.

Nombre de PORTÉES à fils simples de UN MÈTRE de longueur.	ORGANSINS ÉCRUS PERDANT 0 p. 0/0 déchet compris 1,000 gram. rendent 1,000 gram.		ORGANSINS TEINTS PERDANT 5 p. 0/0 déchet compris 1,000 gram. rendent 950 grammes		ORGANSINS TEINTS PERDANT 10 p. 0/0 déchet compris 1,000 gram. rendent 900 grammes		ORGANSINS TEINTS PERDANT 15 p. 0/0 déchet compris 1,000 gram. rendent 850 grammes		ORGANSINS TEINTS PERDANT 20 p. 0/0 déchet compris 1,000 gram. rendent 800 grammes		ORGANSINS TEINTS PERDANT 25 p. 0/0 déchet compris 1,000 gram. rendent 750 grammes	
Portées.	Gram.	Centig.	Gram.	Centig.	Gram.	Centig.	Gram.	Centig.	Gram.	Centig.	Gram.	Centig.
30	7	07	6	71	6	36	6	01	5	65	5	30
35	8	25	7	83	7	42	7	01	6	60	6	18
40	9	42	8	95	8	48	8	01	7	54	7	07
45	10	60	10	07	9	54	9	01	8	48	7	95
50	11	78	11	19	10	61	10	02	9	43	8	84
55	12	96	12	31	11	67	11	02	10	37	9	72
60	14	14	13	43	12	73	12	02	11	31	10	60
65	15	32	14	55	13	79	13	02	12	25	11	49
70	16	50	15	67	14	85	14	02	13	20	12	37
75	17	68	16	79	15	91	15	03	14	14	13	26
80	18	85	17	91	16	97	16	03	15	08	14	14
85	20	03	19	03	18	03	17	03	16	03	15	02
90	21	21	20	15	19	09	18	03	16	97	15	91
95	22	39	21	27	20	15	19	03	17	91	16	79
100	23	57	22	39	21	22	20	04	18	86	17	68
105	24	75	23	51	22	28	21	04	19	80	18	56
110	25	93	24	63	23	34	22	04	20	74	19	44
115	27	11	25	75	24	40	23	04	21	68	20	33
120	28	28	26	87	25	46	24	04	22	63	21	21
125	29	46	27	99	26	52	25	05	23	57	22	10
Portées.	Centig.	Millig.	Centig.	Millig.	Centig.	Millig.	Centig.	Millig.	Centig.	Millig.	Centig.	Millig.
1	23	57	22	39	21	22	20	04	18	86	17	68
2	47	14	44	78	42	44	40	08	37	72	35	36
3	70	71	67	17	63	66	60	12	56	58	53	04
4	94	28	89	56	84	88	80	16	75	44	70	72

DÉMONSTRATION PARTIELLE

DU

TABLEAU DES ORGANSINS

DU TITRE 27/28

POIDS DU MÈTRE ÉCRU ET PERDANT A LA TEINTURE

Depuis 5 pour 100 jusqu'à 25 pour 100.

---

60 portées simples **perdant**	0 p. 0/0	pèsent	14 gr.	67 c.
60 — — —	5 p. 0/0	—	13	94
60 — — —	10 p. 0/0	—	13	21
60 — — —	15 p. 0/0	—	12	47
60 — — —	20 p. 0/0	—	11	74
60 — — —	25 p. 0/0	—	11	»

TABLEAU DES ORGANSINS ÉCRUS

ET DES ORGANSINS PERDANT A LA TEINTURE

Depuis 5 pour 100 jusqu'à 25 pour 100

DU TITRE 27/28.

Nombre de PORTÉES à fils simples de UN MÈTRE de longueur.	ORGANSINS ÉCRUS PERDANT 0 p. 0/0 déchet compris 1,000 gram. rendent 1,000 gram.		ORGANSINS TEINTS PERDANT 5 p. 0/0 déchet compris 1,000 gram. rendent 950 grammes		ORGANSINS TEINTS PERDANT 10 p. 0/0 déchet compris 1,000 gram. rendent 900 grammes		ORGANSINS TEINTS PERDANT 15 p. 0/0 déchet compris 1,000 gram. rendent 850 grammes		ORGANSINS TEINTS PERDANT 20 p. 0/0 déchet compris 1,000 gram. rendent 800 grammes		ORGANSINS TEINTS PERDANT 25 p. 0/0 déchet compris 1,000 gram. rendent 750 grammes	
Portées.	Gram.	Centig.	Gram.	Centig.	Gram.	Centig.	Gram.	Centig.	Gram.	Centig.	Gram.	Centig.
30	7	33	6	97	6	60	6	23	5	87	5	50
35	8	56	8	13	7	70	7	27	6	85	6	42
40	9	78	9	29	8	80	8	31	7	82	7	33
45	11	»	10	45	9	90	9	35	8	80	8	25
50	12	23	11	62	11	01	10	39	9	78	9	17
55	13	45	12	78	12	11	11	43	10	76	10	08
60	14	67	13	94	13	21	12	47	11	74	11	»
65	15	90	15	10	14	31	13	51	12	72	11	92
70	17	12	16	26	15	41	14	55	13	70	12	84
75	18	34	17	43	16	51	15	59	14	68	13	75
80	19	57	18	59	17	61	16	63	15	65	14	67
85	20	79	19	75	18	71	17	67	16	63	15	59
90	22	01	20	91	19	81	18	71	17	61	16	50
95	23	24	22	07	20	91	19	75	18	59	17	42
100	24	46	23	24	22	02	20	79	19	57	18	34
105	25	68	24	40	23	12	21	83	20	55	19	26
110	26	91	25	56	24	22	22	87	21	53	20	17
115	28	13	26	72	25	32	23	91	22	51	21	09
120	29	35	27	88	26	42	24	95	23	48	22	01
125	30	58	29	05	27	52	25	99	24	46	22	93

Portées.	Centig.	Millig.	Centig.	Millig.	Centig.	Millig.	Centig.	Millig.	Centig.	Millig.	Centig.	Millig.
1	24	46	23	24	22	02	20	79	19	57	18	34
2	48	92	46	48	44	04	41	58	39	14	36	68
3	73	38	69	72	66	06	62	37	58	71	55	»
4	97	84	92	96	88	08	83	16	78	28	73	36

DÉMONSTRATION PARTIELLE

DU

TABLEAU DES ORGANSINS

DU TITRE 28/30

POIDS DU MÈTRE ÉCRU ET PERDANT A LA TEINTURE

Depuis 5 pour 100 jusqu'à 25 pour 100.

---

60 portées simples	**perdant**	0 p. 0/0	pèsent 15 gr. 48 c.
60 — — —		5 p. 0/0	— 14 70
60 — — —		10 p. 0/0	— 13 93
60 — — —		15 p. 0/0	— 13 15
60 — — —		20 p. 0/0	— 12 38
60 — — —		25 p. 0/0	— 11 60

TABLEAU DES ORGANSINS ÉCRUS

ET DES ORGANSINS PERDANT A LA TEINTURE

Depuis 5 pour 100 jusqu'à 25 pour 100

DU TITRE 28/30.

Nombre de PORTÉES à fils simples de UN MÈTRE de longueur.	ORGANSINS ÉCRUS PERDANT 0 p. 0/0 déchet compris 1,000 gram. rendent 1,000 gram.		ORGANSINS TEINTS PERDANT 5 p. 0/0 déchet compris 1,000 gram. rendent 950 grammes		ORGANSINS TEINTS PERDANT 10 p. 0/0 déchet compris 1,000 gram. rendent 900 grammes		ORGANSINS TEINTS PERDANT 15 p. 0/0 déchet compris 1,000 gram. rendent 850 grammes		ORGANSINS TEINTS PERDANT 20 p. 0/0 déchet compris 1,000 gram. rendent 800 grammes		ORGANSINS TEINTS PERDANT 25 p. 0/0 déchet compris 1,000 gram. rendent 750 grammes	
Portées.	Gram.	Centig.	Gram.	Centig.	Gram.	Centig.	Gram.	Centig.	Gram.	Centig.	Gram.	Centig.
30	7	74	7	35	6	96	6	57	6	19	5	80
35	9	03	8	57	8	12	7	67	7	22	6	77
40	10	32	9	80	9	28	8	77	8	25	7	73
45	11	61	11	02	10	45	9	86	9	28	8	70
50	12	90	12	25	11	61	10	96	10	32	9	67
55	14	19	13	48	12	77	12	06	11	35	10	64
60	15	48	14	70	13	93	13	15	12	38	11	60
65	16	77	15	93	15	09	14	25	13	41	12	57
70	18	06	17	15	16	25	15	35	14	44	13	54
75	19	35	18	38	17	41	16	44	15	48	14	50
80	20	64	19	60	18	57	17	54	16	51	15	47
85	21	93	20	83	19	73	18	64	17	54	16	44
90	23	22	22	05	20	90	19	73	18	57	17	41
95	24	51	23	28	22	06	20	83	19	60	18	37
100	25	80	24	51	23	22	21	93	20	64	19	34
105	27	09	25	73	24	38	23	02	21	67	20	31
110	28	38	26	96	25	54	24	12	22	70	21	28
115	29	67	28	18	26	70	25	21	23	73	22	24
120	30	96	29	41	27	86	26	31	24	76	23	21
125	32	25	30	63	29	02	27	41	25	79	24	18

Portées.	Centig.	Millig.	Centig.	Millig.	Centig.	Millig.	Centig.	Millig.	Centig.	Millig.	Centig.	Millig.
1	25	80	24	51	23	22	21	93	20	64	19	34
2	51	60	49	02	46	44	43	86	41	28	38	68
3	77	40	73	53	69	66	65	79	61	92	58	02
4	103	20	98	04	92	88	87	72	82	56	77	36

DÉMONSTRATION PARTIELLE

DU

TABLEAU DES ORGANSINS

DU TITRE 30/32

POIDS DU MÈTRE ÉCRU ET PERDANT A LA TEINTURE

Depuis 5 pour 100 jusqu'à 25 pour 100.

---

60 portées simples **perdant**	**0 p. 0/0**	pèsent	16 gr.	54 c.
60 — — —	**5 p. 0/0**	—	15	72
60 — — —	**10 p. 0/0**	—	14	89
60 — — —	**15 p. 0/0**	—	14	06
60 — — —	**20 p. 0/0**	—	13	23
60 — — —	**25 p. 0/0**	—	12	40

TABLEAU DES ORGANSINS ÉCRUS

ET DES ORGANSINS PERDANT A LA TEINTURE

Depuis 5 pour 100 jusqu'à 25 pour 100

DU TITRE 30/32.

Nombre de PORTÉES à fils simples de UN MÈTRE de longueur.	ORGANSINS ÉCRUS PERDANT 0 p. 0/0 déchet compris — 1,000 gram. rendent 1,000 gram.		ORGANSINS TEINTS PERDANT 5 p. 0/0 déchet compris — 1,000 gram. rendent 950 grammes		ORGANSINS TEINTS PERDANT 10 p. 0/0 déchet compris — 1,000 gram. rendent 900 grammes		ORGANSINS TEINTS PERDANT 15 p. 0/0 déchet compris — 1,000 gram. rendent 850 grammes		ORGANSINS TEINTS PERDANT 20 p. 0/0 déchet compris — 1,000 gram. rendent 800 grammes		ORGANSINS TEINTS PERDANT 25 p. 0/0 déchet compris — 1,000 gram. rendent 750 grammes	
Portées.	Gram.	Centig.	Gram.	Centig.	Gram.	Centig.	Gram.	Centig.	Gram.	Centig.	Gram.	Centig.
30	8	27	7	86	7	44	7	03	6	61	6	20
35	9	65	9	17	8	69	8	20	7	72	7	23
40	11	03	10	48	9	93	9	37	8	82	8	27
45	12	41	11	79	11	17	10	54	9	92	9	30
50	13	79	13	10	12	41	11	72	11	03	10	34
55	15	16	14	41	13	65	12	89	12	13	11	37
60	16	54	15	72	14	89	14	06	13	23	12	40
65	17	92	17	03	16	13	15	23	14	34	13	44
70	19	30	18	34	17	38	16	40	15	44	14	47
75	20	68	19	65	18	62	17	58	16	54	15	51
80	22	06	20	96	19	86	18	75	17	64	16	54
85	23	44	22	27	20	10	19	92	18	75	17	57
90	24	82	23	58	22	34	21	09	19	85	18	61
95	26	20	24	89	23	58	22	27	20	95	19	64
100	27	58	26	20	24	83	23	44	22	06	20	68
105	28	95	27	51	26	07	24	61	23	16	21	71
110	30	33	28	82	27	31	25	78	24	26	22	74
115	31	71	30	13	28	55	26	95	25	37	23	78
120	33	09	31	44	29	79	28	13	26	47	24	81
125	34	47	32	75	31	03	29	30	27	57	25	85

Portées.	Centig.	Millig.	Centig.	Millig.	Centig.	Millig.	Centig.	Millig.	Centig.	Millig.	Centig.	Millig.
1	27	58	26	20	24	83	23	44	22	06	20	68
2	55	16	52	40	49	66	46	88	44	12	41	36
3	82	74	78	60	74	49	70	32	66	18	62	04
4	110	32	104	80	99	32	93	76	88	24	82	72

TABLEAUX DES TRAMES CUITES.

TABLEAUX

DES TRAMES CUITES

Comptées dans diverses largeurs,
dans diverses réductions et dans divers Titres

22/23, 23/24, 24/25, 25/26, 26/27, 27/28, 28/30, 30/32.

Par ces tableaux, on connaîtra immédiatement le poids de trame qui entrera, **à 1 bout,** des titres ci-dessus, dans **un mètre de hauteur,** dans les largeurs depuis 40 centimètres jusqu'à 90 centimètres, et dans les réductions depuis 40 coups au pouce jusqu'à 148 coups.

Ces tableaux sont d'une utilité incontestable pour connaître le poids **écru ou cuit** d'une trame, pour fabriquer un tissu quelconque, ou pour en faire **le prix de revient** dans tous les titres, dans toutes les largeurs et dans toutes les réductions possibles ; et, quand **le poids cuit est connu,** on transforme ce dernier **en poids écru** au moyen des règles indiquées pour mettre la trame à la teinture.

Ces tableaux indiquent **le poids réel que le mètre donnera,** si la soie employée est réellement **du titre essayé,** et que la réduction des coups dans toute la pièce est entièrement la même que celle qui a servi de base à la mise en teinture ; on peut être sûr alors qu'il n'y aura **ni manquant, ni restant.**

21

EXEMPLE A SUIVRE

POUR TOUTES LES TRAMES

Que l'on désirera mettre à la Teinture.

On désire mettre à la teinture **une trame de 23/24,** pour être tramée **4 bouts cuits,** dans la largeur de 65 centimètres et dans la réduction de 108 coups au pouce, pour avoir la qualité d'une étoffe bien fabriquée.

ON PROCÈDE AINSI :

On regarde dans la colonne verticale qui contient la largeur de 65 centimètres, et on descend jusqu'à la réduction **de 108 coups au pouce ;** on suit du regard la ligne placée horizontalement jusqu'à **la colonne 65 ;** à l'endroit indiqué, on trouve le poids de **4 grammes 95 centigrammes, poids à 1 bout :** on multiplie ce nombre **par 4,** nombre de bouts que l'on doit employer, et la multiplication **donne 19 grammes 80 centigrammes,** que la trame pèsera **à 4 bouts,** dans la réduction et largeur demandées.

Poids de trame à 1 bout	4 gr. 95 c.	
Combien pèseront . . .	4 bouts.	
Poids des 4 bouts réunis	19 gr. 80 c. pour un mètre.	

On multiplie ce nombre par le nombre de mètres que l'on désire fabriquer, **50 par exemple,** et par cette multiplication, on a le poids **de trame cuite,** perdant 25 p. 0/0, qui entrera dans la pièce précitée.

Poids de trame à 4 bouts. . . . .   19 gr. 80 c.
Combien pèseront. . . . .   50 mètres.

Poids pour la pièce de 50 mètres   990 gr.

On prend le **tiers** de ce dernier poids, et on le lui ajoute, pour connaître le poids **de la trame écrue** que l'on doit mettre à la teinture.

Poids de trame cuîte pour 50 mètres. . . .   990 gr.
On ajoute le tiers   330

Poids que l'on doit mettre à la teinture   1,320 gr.

DÉMONSTRATION PARTIELLE

DU

TABLEAU DES TRAMES CUITES

Perdant 25 pour 100 à la Teinture

EMPLOYÉES A UN BOUT

DU TITRE 22/23

Dans la réduction de 100 coups au pouce ou 36 coups au centimètre

DANS LES LARGEURS CI-APRÈS.

Largeur 40 centimètres pèse le mètre	2 gr.	70 c.
— 45 — —	3	04
— 50 — —	3	38
— 55 — —	3	71
— 60 — —	4	05
— 65 — —	4	39
— 70 — —	4	73
— 75 — —	5	05
— 80 — —	5	40
— 85 — —	5	74
— 90 — —	6	08

TABLEAU

DES TRAMES CUITES

Perdant 25 pour 100 à la Teinture

DU TITRE 22/23.

COUPS au POUCE	COUPS au CENTIMÈTRE	LARGEURS DES ÉTOFFES										
		40 CENTIM.	45 CENTIM.	50 CENTIM.	55 CENTIM.	60 CENTIM.	65 CENTIM.	70 CENTIM.	75 CENTIM.	80 CENTIM.	85 CENTIM.	90 CENTIM.
		gr. cent.	gr. cent.	gr. cent.	gr. cent.	gr. cent.	gr. cent.	gr. cent.	gr. cent.	gr. cent.	gr. cent.	gr. cent.
40	14	1.08	1.21	1.35	1.48	1.62	1.75	1.89	2.02	2.16	2.29	2.43
44	15 1/2	1.18	1.33	1.48	1.63	1.78	1.93	2.08	2.23	2.37	2.52	2.67
48	17	1.29	1.46	1.62	1.78	1.94	2.10	2.27	2.43	2.59	2.75	2.92
52	18 1/2	1.40	1.58	1.75	1.93	2.10	2.28	2.46	2.63	2.81	2.98	3.16
56	20	1.51	1.70	1.89	2.08	2.27	2.46	2.64	2.83	3.02	3.21	3.40
60	21 1/2	1.62	1.82	2.02	2.23	2.43	2.63	2.83	3.03	3.24	3.44	3.65
64	23	1.73	1.94	2.16	2.37	2.59	2.81	3.02	3.24	3.46	3.67	3.89
68	24	1.83	2.06	2.29	2.52	2.75	2.98	3.21	3.44	3.67	3.90	4.13
72	25 1/2	1.94	2.18	2.43	2.67	2.92	3.16	3.40	3.64	3.89	4.13	4.38
76	27	2.05	2.31	2.56	2.82	3.08	3.33	3.59	3.84	4.10	4.36	4.62
80	28 1/2	2.16	2.43	2.70	2.97	3.24	3.51	3.78	4.04	4.32	4.59	4.86
84	30	2.27	2.55	2.83	3.12	3.40	3.69	3.97	4.25	4.54	4.82	5.10
88	31 1/2	2.37	2.67	2.97	3.27	3.56	3.86	4.16	4.45	4.75	5.05	5.35
92	33	2.48	2.79	3.10	3.42	3.73	4.04	4.35	4.65	4.97	5.28	5.59
96	34 1/2	2.59	2.91	3.24	3.56	3.89	4.21	4.54	4.85	5.19	5.51	5.83
100	36	2.70	3.04	3.38	3.71	4.05	4.39	4.73	5.05	5.40	5.74	6.08
104	37	2.81	3.16	3.51	3.86	4.21	4.56	4.92	5.26	5.62	5.97	6.32
108	38 1/2	2.92	3.28	3.65	4.01	4.37	4.74	5.10	5.46	5.83	6.20	6.56
112	40	3.02	3.40	3.78	4.16	4.54	4.92	5.29	5.66	6.05	6.43	6.81
116	41 1/2	3.13	3.52	3.92	4.31	4.70	5.09	5.48	5.86	6.27	6.66	7.05
120	43	3.24	3.64	4.05	4.46	4.86	5.27	5.67	6.06	6.48	6.89	7.29
124	44 1/2	3.35	3.77	4.19	4.61	5.02	5.44	5.86	6.28	6.70	7.12	7.54
128	46	3.46	3.89	4.32	4.75	5.19	5.62	6.05	6.48	6.92	7.35	7.78
132	47 1/2	3.56	4.01	4.46	4.90	5.35	5.79	6.24	6.69	7.13	7.58	8.02
136	48 1/2	3.67	4.13	4.59	5.05	5.51	5.97	6.43	6.89	7.35	7.81	8.27
140	50	3.78	4.25	4.73	5.20	5.67	6.15	6.62	7.09	7.57	8.04	8.51
144	51 1/2	3.89	4.37	4.86	5.35	5.83	6.32	6.81	7.29	7.78	8.27	8.75
148	53	4. »	4.50	5. »	5.50	6. »	6.50	7. »	7.50	8. »	8.50	9. »

DÉMONSTRATION PARTIELLE

DU

TABLEAU DES TRAMES CUITES

Perdant 25 pour 100 à la Teinture

EMPLOYÉES A UN BOUT

DU TITRE 23/24

Dans la réduction de 100 coups au pouce ou 36 coups au centimètre

DANS LES LARGEURS CI-APRÈS.

Largeur 40 centimètres, pèse le mètre	2 gr.	82 c.
— 45 — —	3	17
— 50 — —	3	53
— 55 — —	3	88
— 60 — —	4	23
— 65 — —	4	58
— 70 — —	4	94
— 75 — —	5	29
— 80 — —	5	64
— 85 — —	6	»
— 90 — —	6	35

TABLEAU

DES TRAMES CUITES

Perdant 25 pour 100 à la Teinture

DU TITRE 23/24.

COUPS au POUCE	COUPS au CENTIMÈTRE		LARGEURS DES ÉTOFFES										
			40 CENTIM.	45 CENTIM.	50 CENTIM.	55 CENTIM.	60 CENTIM.	65 CENTIM.	70 CENTIM.	75 CENTIM.	80 CENTIM.	85 CENTIM.	90 CENTIM.
			gr. cent.	gr. cent.	gr. cent.	gr. cent.	gr. cent.	gr. cent.	gr. cent.	gr. cent.	gr. cent.	gr. cent.	gr. cent.
40	14		1.12	1.27	1.41	1.55	1.69	1.83	1.97	2.11	2.25	2.40	2.54
44	15	1/2	1.24	1.39	1.55	1.70	1.86	2.01	2.17	2.32	2.48	2.64	2.79
48	17		1.35	1.52	1.69	1.86	2.03	2.20	2.37	2.54	2.71	2.88	3.04
52	18	1/2	1.46	1.65	1.83	2.01	2.20	2.38	2.56	2.75	2.93	3.12	3.30
56	20		1.58	1.77	1.97	2.17	2.37	2.56	2.76	2.96	3.16	3.36	3.55
60	21	1/2	1.69	1.90	2.11	2.32	2.54	2.75	2.96	3.17	3.38	3.60	3.81
64	23		1.80	2.03	2.25	2.48	2.71	2.93	3.16	3.38	3.61	3.84	4.06
68	24		1.91	2.15	2.40	2.64	2.88	3.12	3.36	3.60	3.84	4.08	4.32
72	25	1/2	2.03	2.28	2.54	2.79	3.04	3.30	3.55	3.81	4.06	4.32	4.57
76	27		2.14	2.41	2.68	2.95	3.21	3.48	3.75	4.02	4.29	4.56	4.82
80	28	1/2	2.25	2.54	2.82	3.10	3.38	3.67	3.95	4.23	4.51	4.80	5.08
84	30		2.37	2.66	2.96	3.26	3.55	3.85	4.15	4.44	4.74	5.04	5.33
88	31	1/2	2.48	2.79	3.10	3.41	3.72	4.03	4.34	4.65	4.97	5.28	5.59
92	33		2.59	2.92	3.24	3.57	3.89	4.22	4.54	4.87	5.19	5.52	5.84
96	34	1/2	2.71	3.04	3.38	3.72	4.06	4.40	4.74	5.08	5.42	5.76	6.09
100	36		2.82	3.17	3.53	3.88	4.23	4.58	4.94	5.29	5.64	6. »	6.35
104	37		2.93	3.30	3.67	4.03	4.40	4.77	5.13	5.50	5.87	6.24	6.60
108	38	1/2	3.04	3.42	3.81	4.19	4.57	4.95	5.33	5.71	6.09	6.48	6.86
112	40		3.16	3.55	3.95	4.34	4.74	5.13	5.53	5.93	6.32	6.72	7.11
116	41	1/2	3.27	3.68	4.09	4.50	4.91	5.32	5.73	6.14	6.55	6.96	7.36
120	43		3.38	3.81	4.23	4.65	5.08	5.50	5.92	6.35	6.77	7.20	7.62
124	44	1/2	3.50	3.93	4.37	4.81	5.25	5.68	6.12	6.56	7. »	7.44	7.87
128	46		3.61	4.06	4.51	4.96	5.42	5.87	6.32	6.77	7.22	7.68	8.13
132	47	1/2	3.72	4.19	4.66	5.12	5.59	6.05	6.52	6.98	7.45	7.92	8.38
136	48	1/2	3.83	4.31	4.80	5.28	5.76	6.23	6.71	7.20	7.68	8.16	8.64
140	50		3.95	4.44	4.94	5.43	5.92	6.42	6.91	7.41	7.90	8.40	8.89
144	51	1/2	4.06	4.57	5.08	5.59	6.09	6.60	7.11	7.62	8.13	8.64	9.14
148	53		4.17	4.69	5.22	5.74	6.26	6.79	7.31	7.83	8.35	8.88	9.40

DÉMONSTRATION PARTIELLE

DU

TABLEAU DES TRAMES CUITES

Perdant 25 pour 100 à la Teinture

EMPLOYÉES A UN BOUT

DU TITRE 24/25

Dans la réduction de 100 coups au pouce ou 36 coups au centimètre

DANS LES LARGEURS CI-APRÈS.

Largeur 40 centimètres, pèse le mètre	2 gr.	94 c.
— 45 — —	3	31
— 50 — —	3	68
— 55 — —	4	04
— 60 — —	4	31
— 65 — —	4	78
— 70 — —	5	15
— 75 — —	5	52
— 80 — —	5	88
— 85 — —	6	25
— 90 — —	6	62

TABLEAU

DES TRAMES CUITES

Perdant 25 pour 100 à la Teinture

TITRE 24/25.

COUPS au POUCE	COUPS au CENTIMÈTRE	LARGEURS DES ÉTOFFES										
		40 CENTIM.	45 CENTIM.	50 CENTIM.	55 CENTIM.	60 CENTIM.	65 CENTIM.	70 CENTIM.	75 CENTIM.	80 CENTIM.	85 CENTIM.	90 CENTIM.
		gr. cent.	gr. cent.	gr. cent.	gr. cent.	gr. cent.	gr. cent.	gr. cent.	gr. cent.	gr. cent.	gr. cent.	gr. cent.
40	14	1.17	1.32	1.47	1.61	1.76	1.91	2.06	2.20	2.35	2.50	2.64
44	15 1/2	1.29	1.45	1.61	1.78	1.94	2.10	2.26	2.42	2.59	2.75	2.91
48	17	1.41	1.58	1.76	1.94	2.11	2.29	2.47	2.64	2.82	3. »	3.17
52	18 1/2	1.53	1.72	1.91	2.10	2.29	2.48	2.67	2.87	3.06	3.25	3.44
56	20	1.64	1.85	2.06	2.26	2.47	2.67	2.88	3.09	3.29	3.50	3.70
60	21 1/2	1.76	1.98	2.20	2.42	2.64	2.87	3.09	3.31	3.53	3.75	3.97
64	23	1.88	2.11	2.35	2.59	2.82	3.06	3.29	3.53	3.76	4. »	4.23
68	24	2. »	2.25	2.50	2.75	3. »	3.25	3.50	3.75	4. »	4.25	4.50
72	25 1/2	2.11	2.38	2.64	2.91	3.17	3.44	3.70	3.97	4.23	4.50	4.76
76	27	2.23	2.51	2.79	3.07	3.35	3.63	3.91	4.19	4.47	4.75	5.03
80	28 1/2	2.35	2.64	2.94	3.23	3.53	3.82	4.12	4.41	4.71	5. »	5.29
84	30	2.47	2.78	3.09	3.40	3.70	4.01	4.32	4.63	4.94	5.25	5.56
88	31 1/2	2.59	2.91	3.23	3.56	3.88	4.20	4.53	4.85	5.18	5.50	5.82
92	33	2.70	3.04	3.38	3.72	4.06	4.40	4.73	5.07	5.41	5.75	6.09
96	34 1/2	2.82	3.17	3.53	3.88	4.23	4.59	4.94	5.29	5.65	6. »	6.35
100	36	2.94	3.31	3.68	4.04	4.41	4.78	5.15	5.52	5.88	6.25	6.62
104	37	3.06	3.44	3.82	4.20	4.59	4.97	5.35	5.74	6.12	6.50	6.88
108	38 1/2	3.17	3.57	3.97	4.37	4.76	5.16	5.56	5.96	6.35	6.75	7.15
112	40	3.29	3.70	4.12	4.53	4.94	5.35	5.76	6.18	6.59	7. »	7.41
116	41 1/2	3.41	3.84	4.26	4.69	5.12	5.54	5.97	6.40	6.82	7.25	7.68
120	43	3.53	3.97	4.41	4.85	5.29	5.73	6.18	6.62	7.06	7.50	7.94
124	44 1/2	3.64	4.10	4.56	5.01	5.47	5.93	6.38	6.84	7.30	7.75	8.21
128	46	3.76	4.23	4.71	5.18	5.65	6.12	6.59	7.06	7.53	8. »	8.47
132	47 1/2	3.88	4.37	4.85	5.34	5.82	6.31	6.79	7.28	7.77	8.25	8.74
136	48 1/2	4. »	4.50	5. »	5.50	6. »	6.50	7. »	7.50	8. »	8.50	9. »
140	50	4.12	4.63	5.15	5.66	6.18	6.69	7.21	7.72	8.24	8.75	9.27
144	51 1/2	4.23	4.76	5.29	5.82	6.35	6.88	7.41	7.94	8.47	9. »	9.53
148	53	4.35	4.89	5.44	5.99	6.53	7.07	7.62	8.16	8.71	9.25	9.80

DÉMONSTRATION PARTIELLE

DU

TABLEAU DES TRAMES CUITES

Perdant 25 pour 100 à la Teinture

EMPLOYÉES A UN BOUT

DU TITRE 25/26

Dans la réduction de 100 coups au pouce ou 36 coups au centimètre

DANS LES LARGEURS CI-APRÈS.

Largeur 40 centimètres, pèse le mètre	3 gr.	06 c.
— 45 — —	3	44
— 50 — —	3	83
— 55 — —	4	21
— 60 — —	4	59
— 65 — —	4	97
— 70 — —	5	36
— 75 — —	5	74
— 80 — —	6	12
— 85 — —	6	51
— 90 — —	6	89

TABLEAU

DES TRAMES CUITES

Perdant 25 pour 100 à la Teinture

TITRE 25/26.

COUPS au POUCE	COUPS au CENTIMÈTRE		LARGEURS DES ÉTOFFES										
			40 CENTIM.	45 CENTIM.	50 CENTIM.	55 CENTIM.	60 CENTIM.	65 CENTIM.	70 CENTIM.	75 CENTIM.	80 CENTIM.	85 CENTIM.	90 CENTIM.
			gr. cent.	gr. cent.	gr. cent.	gr. cent.	gr. cent.	gr. cent.	gr. cent.	gr. cent.	gr. cent.	gr. cent.	gr. cent.
40	14		1.22	1.37	1.53	1.68	1.83	1.99	2.14	2.29	2.45	2.60	2.75
44	15 1/2		1.34	1.51	1.68	1.85	2.02	2.19	2.35	2.52	2.69	2.86	3.03
48	17		1.47	1.65	1.83	2.02	2.20	2.38	2.57	2.75	2.94	3.12	3.30
52	18 1/2		1.59	1.79	1.99	2.19	2.38	2.58	2.78	2.98	3.18	3.38	3.58
56	20		1.71	1.93	2.14	2.35	2.57	2.78	3. »	3.21	3.43	3.64	3.86
60	21 1/2		1.83	2.06	2.29	2.52	2.75	2.98	3.21	3.44	3.67	3.90	4.13
64	23		1.96	2.20	2.45	2.69	2.94	3.18	3.43	3.67	3.92	4.16	4.41
68	24		2.08	2.34	2.60	2.86	3.12	3.38	3.64	3.90	4.16	4.42	4.68
72	25 1/2		2.20	2.48	2.75	3.03	3.30	3.58	3.86	4.13	4.41	4.68	4.96
76	27		2.32	2.61	2.91	3.20	3.49	3.78	4.07	4.36	4.65	4.94	5.23
80	28 1/2		2.45	2.75	3.06	3.37	3.67	3.98	4.28	4.59	4.90	5.20	5.51
84	30		2.57	2.89	3.21	3.53	3.86	4.18	4.50	4.82	5.14	5.46	5.79
88	31 1/2		2.69	3.03	3.37	3.70	4.04	4.38	4.71	5.05	5.39	5.72	6.06
92	33		2.81	3.17	3.52	3.87	4.22	4.57	4.93	5.28	5.63	5.98	6.34
96	34 1/2		2.94	3.30	3.67	4.04	4.41	4.77	5.14	5.51	5.88	6.25	6.61
100	36		3.06	3.44	3.83	4.21	4.59	4.97	5.36	5.74	6.12	6.51	6.89
104	37		3.18	3.58	3.98	4.38	4.77	5.17	5.57	5.97	6.37	6.77	7.16
108	38 1/2		3.30	3.72	4.13	4.54	4.96	5.37	5.78	6.20	6.61	7.03	7.44
112	40		3.43	3.85	4.28	4.71	5.14	5.57	6. »	6.43	6.86	7.29	7.72
116	41 1/2		3.55	3.99	4.44	4.88	5.33	5.77	6.21	6.66	7.10	7.55	7.99
120	43		3.67	4.13	4.59	5.05	5.51	5.97	6.43	6.89	7.35	7.81	8.27
124	44 1/2		3.79	4.27	4.74	5.22	5.69	6.17	6.64	7.12	7.59	8.07	8.54
128	46		3.92	4.41	4.90	5.39	5.88	6.37	6.86	7.35	7.84	8.33	8.82
132	47 1/2		4.04	4.54	5.05	5.56	6.06	6.57	7.07	7.58	8.08	8.59	9.09
136	48 1/2		4.16	4.68	5.20	5.72	6.24	6.77	7.29	7.81	8.33	8.85	9.37
140	50		4.25	4.82	5.36	5.89	6.43	6.96	7.50	8.04	8.57	9.11	9.65
144	51 1/2		4.41	4.96	5.51	6.06	6.61	7.16	7.71	8.27	8.82	9.37	9.92
148	53		4.53	5.09	5.66	6.23	6.80	7.36	7.93	8.50	9.06	9.63	10.20

DÉMONSTRATION PARTIELLE

DU

TABLEAU DES TRAMES CUITES

Perdant 25 pour 100 à la Teinture

EMPLOYÉES A UN BOUT

DU TITRE 26/27

Dans la réduction de 100 coups au pouce ou 36 coups au centimètre

DANS LES LARGEURS CI-APRÈS.

Largeur	40	centimètres	pèse le mètre	3	gr.	18	c.
—	45	—	—	3		58	
—	50	—	—	3		98	
—	55	—	—	4		37	
—	60	—	—	4		77	
—	65	—	—	5		17	
—	70	—	—	5		57	
—	75	—	—	5		97	
—	80	—	—	6		36	
—	85	—	—	6		76	
—	90	—	—	7		16	

TABLEAU

DES TRAMES CUITES

Perdant 25 pour 100 à la Teinture

DU TITRE 26/27.

COUPS au POUCE	COUPS au CENTIMÈTRE	LARGEURS DES ÉTOFFES										
		40 CENTIM.	45 CENTIM.	50 CENTIM.	55 CENTIM.	60 CENTIM.	65 CENTIM.	70 CENTIM.	75 CENTIM.	80 CENTIM.	85 CENTIM.	90 CENTIM.
		gr. cent.	gr. cent.	gr. cent.	gr. cent.	gr. cent.	gr. cent.	gr. cent.	gr. cent.	gr. cent.	gr. cent.	gr. cent
40	14	1.27	1.43	1.59	1.75	1.91	2.06	2.22	2.38	2.54	2.70	2.86
44	15 1/2	1.40	1.57	1.75	1.92	2.10	2.27	2.45	2.62	2.80	2.97	3.15
48	17	1.52	1.71	1.91	2.10	2.29	2.48	2.67	2.86	3.05	3.24	3.43
52	18 1/2	1.65	1.86	2.06	2.27	2.48	2.69	2.89	3.10	3.31	3.51	3.72
56	20	1.78	2. »	2.22	2.45	2.67	2.89	3.12	3.34	3.56	3.78	4.01
60	21 1/2	1.91	2.14	2.38	2.62	2.86	3.10	3.34	3.58	3.82	4.05	4.29
64	23	2.03	2.29	2.54	2.80	3.05	3.31	3.56	3.82	4.07	4.33	4.58
68	24	2.16	2.43	2.70	2.97	3.24	3.51	3.78	4.05	4.33	4.60	4.87
72	25 1/2	2.29	2.57	2.86	3.15	3.43	3.72	4.01	4.29	4.58	4.87	5.15
76	27	2.41	2.72	3.03	3.32	3.62	3.93	4.23	4.53	4.83	5.14	5.44
80	28 1/2	2.54	2.86	3.18	3.50	3.82	4.13	4.45	4.77	5.09	5.41	5.73
84	30	2.67	3. »	3.34	3.67	4.01	4.34	4.67	5.01	5.34	5.68	6.01
88	31 1/2	2.80	3.15	3.50	3.85	4.20	4.55	4.90	5.25	5.60	5.95	6.30
92	33	2.92	3.29	3.66	4.02	4.39	4.75	5.12	5.49	5.85	6.22	6.59
96	34 1/2	3.05	3.43	3.82	4.20	4.58	4.96	5.34	5.73	6.11	6.49	6.87
100	36	3.18	3.58	3.98	4.37	4.77	5.17	5.57	5.97	6.36	6.76	7.16
104	37	3.31	3.72	4.13	4.55	4.96	5.38	5.79	6.20	6.62	7.03	7.44
108	38 1/2	3.43	3.86	4.29	4.72	5.15	5.58	6.01	6.44	6.87	7.30	7.73
112	40	3.56	4.01	4.45	4.90	5.34	5.79	6.23	6.68	7.13	7.57	8.02
116	41 1/2	3.69	4.15	4.61	5.07	5.53	6. »	6.46	6.92	7.38	7.84	8.30
120	43	3.81	4.29	4.77	5.25	5.73	6.20	6.68	7.16	7.64	8.11	8.59
124	44 1/2	3.94	4.44	4.93	5.42	5.92	6.41	6.90	7.40	7.89	8.38	8.88
128	46	4.07	4.58	5.09	5.60	6.11	6.62	7.13	7.64	8.15	8.65	9.16
132	47 1/2	4.20	4.72	5.25	5.77	6.30	6.82	7.35	7.88	8.40	8.93	9.45
136	48 1/2	4.32	4.86	5.41	5.95	6.49	7.03	7.57	8.11	8.66	9.20	9.74
140	50	4.45	5.01	5.57	6.12	6.68	7.24	7.79	8.35	8.91	9.47	10.02
144	51 1/2	4.58	5.15	5.73	6.30	6.87	7.44	8.02	8.59	9.16	9.74	10.31
148	53	4.71	5.29	5.89	6.47	7.06	7.65	8.24	8.83	9.42	10.01	10.60

DÉMONSTRATION PARTIELLE

DU

TABLEAU DES TRAMES CUITES

Perdant 25 pour 100 à la Teinture

EMPLOYÉES A UN BOUT

DU TITRE 27/28

Dans la réduction de 100 coups au pouce ou 36 coups au centimètre

DANS LES LARGEURS CI-APRÈS.

Largeur 40 centimètres, pèse le mètre	3 gr.	30 c.
— 45 — —	3	71
— 50 — —	4	13
— 55 — —	4	54
— 60 — —	4	95
— 65 — —	5	36
— 70 — —	5	78
— 75 — —	6	19
— 80 — —	6	60
— 85 — —	7	02
— 90 — —	7	43

TABLEAU

DES TRAMES CUITES

Perdant 25 pour 100 à la Teinture

DU TITRE 27/28.

COUPS au POUCE	COUPS au CENTIMÈTRE	LARGEURS DES ÉTOFFES										
		40 CENTIM.	45 CENTIM.	50 CENTIM.	55 CENTIM.	60 CENTIM.	65 CENTIM.	70 CENTIM.	75 CENTIM.	80 CENTIM.	85 CENTIM.	90 CENTIM.
		gr. cent.	gr. cent.	gr. cent.	gr. cent.	gr. cent.	gr. cent.	gr. cent.	gr. cent.	gr. cent.	gr. cent.	gr. cent.
40	14	1.32	1.48	1.65	1.81	1.98	2.14	2.31	2.47	2.64	2.80	2.97
44	15 1/2	1.45	1.63	1.81	1.99	2.18	2.36	2.54	2.72	2.90	3.08	3.27
48	17	1.58	1.78	1.98	2.18	2.37	2.57	2.77	2.97	3.17	3.37	3.56
52	18 1/2	1.71	1.93	2.14	2.36	2.57	2.79	3. »	3.22	3.43	3.65	3.86
56	20	1.85	2.08	2.31	2.54	2.77	3. »	3.23	3.46	3.70	3.93	4.16
60	21 1/2	1.98	2.22	2.47	2.72	2.97	3.22	3.46	3.71	3.96	4.21	4.46
64	23	2.11	2.37	2.64	2.90	3.17	3.43	3.70	3.96	4.22	4.49	4.75
68	24	2.24	2.52	2.80	3.08	3.36	3.65	3.93	4.21	4.49	4.77	5.05
72	25 1/2	2.37	2.67	2.97	3.27	3.56	3.86	4.16	4.46	4.75	5.05	5.35
76	27	2.51	2.82	3.13	3.45	3.76	4.07	4.39	4.70	5.02	5.33	5.65
80	28 1/2	2.64	2.97	3.30	3.63	3.96	4.29	4.62	4.95	5.28	5.61	5.94
84	30	2.77	3.12	3.46	3.81	4.16	4.50	4.85	5.20	5.55	5.89	6.24
88	31 1/2	2.90	3.27	3.63	3.99	4.36	4.72	5.08	5.45	5.81	6.17	6.54
92	33	3.03	3.41	3.79	4.17	4.55	4.93	5.31	5.69	6.07	6.45	6.84
96	34 1/2	3.17	3.56	3.96	4.36	4.75	5.15	5.54	5.94	6.34	6.73	7.13
100	36	3.30	3.71	4.13	4.54	4.95	5.36	5.78	6.19	6.60	7.02	7.43
104	37	3.43	3.86	4.29	4.72	5.15	5.58	6.01	6.44	6.87	7.30	7.73
108	38 1/2	3.56	4.01	4.46	4.90	5.35	5.79	6.24	6.69	7.13	7.58	8.03
112	40	3.69	4.16	4.62	5.08	5.55	6.01	6.47	6.93	7.40	7.86	8.32
116	41 1/2	3.83	4.31	4.79	5.26	5.74	6.22	6.70	7.18	7.66	8.14	8.62
120	43	3.96	4.45	4.95	5.45	5.94	6.44	6.93	7.43	7.92	8.42	8.92
124	44 1/2	4.09	4.60	5.12	5.63	6.14	6.65	7.16	7.68	8.19	8.70	9.22
128	46	4.22	4.75	5.28	5.81	6.34	6.87	7.39	7.92	8.45	8.98	9.51
132	47 1/2	4.35	4.90	5.45	5.99	6.54	7.08	7.63	8.17	8.72	9.26	9.81
136	48 1/2	4.49	5.05	5.61	6.17	6.73	7.30	7.86	8.42	8.98	9.54	10.11
140	50	4.62	5.20	5.78	6.35	6.93	7.51	8.09	8.67	9.25	9.82	10.41
144	51 1/2	4.75	5.35	5.94	6.54	7.13	7.72	8.32	8.92	9.51	10.10	10.70
148	53	4.88	5.49	6.11	6.72	7.33	7.94	8.55	9.16	9.77	10.39	11. »

DÉMONSTRATION PARTIELLE

DU

TABLEAU DES TRAMES CUITES

Perdant 25 pour 100 à la Teinture

EMPLOYÉES A UN BOUT

DU TITRE 28/30

Dans la réduction de 100 coups au pouce ou 36 coups au centimètre

DANS LES LARGEURS CI-APRÈS.

Largeur 40 centimètres, pèse le mètre	3 gr.	48 c.
— 45 — —	3	91
— 50 — —	4	35
— 55 — —	4	79
— 60 — —	5	22
— 65 — —	5	66
— 70 — —	6	09
— 75 — —	6	53
— 80 — —	6	96
— 85 — —	7	40
— 90 — —	7	83

TABLEAU

DES TRAMES CUITES

Perdant 25 pour 100 à la Teinture

TITRE 28/30.

COUPS au POUCE	COUPS au CENTIMÈTRE	LARGEURS DES ÉTOFFES										
		40 CENTIM.	45 CENTIM.	50 CENTIM.	55 CENTIM.	60 CENTIM.	65 CENTIM.	70 CENTIM.	75 CENTIM.	80 CENTIM.	85 CENTIM.	90 CENTIM.
		gr. cent.	gr. cent.	gr. cent.	gr. cent.	gr. cent.	gr. cent.	gr. cent.	gr. cent.	gr. cent.	gr. cent.	gr. cent.
40	14	1.39	1.56	1.74	1.91	2.09	2.26	2.43	2.61	2.78	2.96	3.13
44	15 1/2	1.53	1.72	1.91	2.10	2.29	2.49	2.68	2.87	3.06	3.25	3.44
48	17	1.67	1.88	2.09	2.29	2.50	2.71	2.92	3.13	3.34	3.55	3.76
52	18 1/2	1.81	2.03	2.26	2.49	2.71	2.94	3.17	3.39	3.62	3.84	4.07
56	20	1.95	2.19	2.43	2.68	2.92	3.17	3.41	3.65	3.90	4.14	4.38
60	21 1/2	2.09	2.35	2.61	2.87	3.13	3.39	3.65	3.91	4.18	4.44	4.70
64	23	2.22	2.50	2.78	3.06	3.34	3.62	3.90	4.18	4.45	4.73	5.01
68	24	2.36	2.66	2.96	3.25	3.55	3.84	4.14	4.44	4.73	5.03	5.33
72	25 1/2	2.50	2.82	3.13	3.44	3.76	4.07	4.38	4.70	5.01	5.33	5.64
76	27	2.64	2.97	3.30	3.64	3.97	4.30	4.63	4.96	5.29	5.62	5.95
80	28 1/2	2.78	3.13	3.48	3.83	4.18	4.52	4.87	5.22	5.57	5.92	6.27
84	30	2.92	3.29	3.65	4.02	4.38	4.75	5.12	5.48	5.85	6.21	6.58
88	31 1/2	3.06	3.44	3.83	4.21	4.59	4.98	5.36	5.74	6.13	6.51	6.89
92	33	3.20	3.60	4. »	4.40	4.80	5.20	5.60	6. »	6.41	6.81	7.21
96	34 1/2	3.34	3.76	4.18	4.59	5.01	5.43	5.85	6.27	6.68	7.10	7.52
100	36	3.48	3.91	4.35	4.79	5.22	5.66	6.09	6.53	6.96	7.40	7.83
104	37	3.62	4.07	4.52	4.98	5.43	5.88	6.33	6.79	7.24	7.69	8.15
108	38 1/2	3.76	4.23	4.70	5.17	5.64	6.11	6.58	7.05	7.52	7.99	8.46
112	40	3.90	4.38	4.87	5.36	5.85	6.33	6.82	7.31	7.80	8.29	8.77
116	41 1/2	4.04	4.54	5.05	5.55	6.06	6.56	7.07	7.57	8.08	8.58	9.09
120	43	4.17	4.70	5.22	5.74	6.27	6.79	7.31	7.83	8.36	8.88	9.40
124	44 1/2	4.31	4.85	5.40	5.93	6.47	7.01	7.55	8.10	8.63	9.18	9.71
128	46	4.45	5.01	5.57	6.13	6.68	7.24	7.80	8.36	8.91	9.47	10.03
132	47 1/2	4.59	5.17	5.74	6.32	6.89	7.47	8.04	8.62	9.19	9.77	10.34
136	48 1/2	4.73	5.32	5.92	6.51	7.10	7.69	8.29	8.88	9.47	10.06	10.65
140	50	4.87	5.48	6.09	6.70	7.31	7.92	8.53	9.14	9.75	10.36	10.97
144	51 1/2	5.01	5.64	6.27	6.89	7.52	8.15	8.77	9.40	10.03	10.66	11.28
148	53	5.15	5.79	6.44	7.08	7.73	8.37	9.02	9.66	10.31	10.95	11.60

DÉMONSTRATION PARTIELLE

DU

TABLEAU DES TRAMES CUITES

Perdant 25 pour 100 à la Teinture

EMPLOYÉES A UN BOUT

DU TITRE 30/32

Dans la réduction de 100 coups au pouce ou 36 coups au centimètre

*DANS LES LARGEURS CI-APRÈS.

Largeur 40 centimètres, pèse le mètre 3 gr. 72 c.
—	45	—	—	4	18
—	50	—	—	4	65
—	55	—	—	5	12
—	60	—	—	5	58
—	65	—	—	6	05
—	70	—	—	6	51
—	75	—	—	6	98
—	80	—	—	7	44
—	85	—	—	7	91
—	90	—	—	8	37

TABLEAU

DES TRAMES CUITES

Perdant 25 pour 100 à la Teinture

DU TITRE 30/32.

COUPS au POUCE	COUPS au CENTIMÈTRE	LARGEURS DES ÉTOFFES										
		40 CENTIM.	45 CENTIM.	50 CENTIM.	55 CENTIM.	60 CENTIM.	65 CENTIM.	70 CENTIM.	75 CENTIM.	80 CENTIM.	85 CENTIM.	90 CENTIM.
		gr. cent.	gr. cent.	gr. cent.	gr. cent.	gr. cent.	gr. cent.	gr. cent.	gr. cent.	gr. cent.	gr. cent.	gr. cent
40	14	1.48	1.67	1.86	2.04	2.23	2.42	2.60	2.79	2.97	3.16	3.35
44	15 1/2	1.63	1.84	2.04	2.25	2.45	2.66	2.86	3.07	3.27	3.48	3.68
48	17	1.78	2.01	2.23	2.45	2.68	2.90	3.12	3.35	3.57	3.79	4.02
52	18 1/2	1.93	2.17	2.42	2.66	2.90	3.14	3.38	3.63	3.87	4.11	4.35
56	20	2.08	2.34	2.60	2.86	3.12	3.38	3.64	3.91	4.17	4.43	4.69
60	21 1/2	2.23	2.51	2.79	3.07	3.35	3.63	3.90	4.18	4.46	4.74	5.02
64	23	2.38	2.68	2.97	3.27	3.57	3.87	4.17	4.46	4.76	5.06	5.36
68	24	2.53	2.84	3.16	3.48	3.79	4.11	4.43	4.74	5.06	5.38	5.69
72	25 1/2	2.68	3.01	3.35	3.68	4.02	4.35	4.69	5.02	5.36	5.69	6.03
76	27	2.82	3.18	3.53	3.89	4.24	4.59	4.95	5.30	5.66	6.01	6.36
80	28 1/2	2.97	3.35	3.72	4.09	4.46	4.84	5.21	5.58	5.95	6.33	6.70
84	30	3.12	3.51	3.91	4.30	4.69	5.08	5.47	5.86	6.25	6.64	7.03
88	31 1/2	3.27	3.68	4.09	4.50	4.91	5.32	5.73	6.14	6.55	6.96	7.37
92	33	3.42	3.85	4.28	4.71	5.13	5.56	5.99	6.42	6.85	7.27	7.70
96	34 1/2	3.57	4.02	4.46	4.91	5.36	5.80	6.25	6.70	7.14	7.59	8.04
100	36	3.72	4.18	4.65	5.12	5.58	6.05	6.51	6.98	7.44	7.91	8.37
104	37	3.87	4.35	4.84	5.32	5.80	6.29	6.77	7.26	7.74	8.22	8.71
108	38 1/2	4.02	4.52	5.02	5.52	6.03	6.53	7.03	7.54	8.04	8.54	9.04
112	40	4.16	4.69	5.21	5.73	6.25	6.77	7.29	7.82	8.34	8.86	9.38
116	41 1/2	4.31	4.85	5.39	5.93	6.47	7.01	7.55	8.09	8.63	9.17	9.71
120	43	4.46	5.02	5.58	6.14	6.70	7.26	7.81	8.37	8.93	9.49	10.05
124	44 1/2	4.61	5.19	5.77	6.34	6.92	7.50	8.07	8.65	9.23	9.81	10.38
128	46	4.76	5.36	5.95	6.55	7.14	7.74	8.34	8.93	9.53	10.12	10.72
132	47 1/2	4.91	5.52	6.14	6.75	7.37	7.98	8.60	9.21	9.83	10.44	11.05
136	48 1/2	5.06	5.69	6.33	6.96	7.79	8.22	8.86	9.49	10.12	10.76	11.39
140	50	5.21	5.86	6.51	7.16	8.01	8.47	9.12	9.77	10.42	11.07	11.72
144	51 1/2	5.36	6.03	6.70	7.37	8.24	8.71	9.38	10.05	10.72	11.39	12.06
148	53	5.50	6.19	6.88	7.57	8.46	8.95	9.64	10.33	11.02	11.71	12.39

OBSERVATION.

Il est bien à remarquer que dans les tableaux des trames cuites qui précèdent, les poids inscrits ont été comptés à **1 bout** employé **dans un mètre de hauteur,** dans les largeurs depuis 40 centimètres jusqu'à 90 centimètres, et dans les réductions depuis 40 coups au pouce jusqu'à 148 coups.

TABLEAUX

DES

PRIX DE REVIENT DES ORGANSINS

DEPUIS **60** FRANCS JUSQU'A **140** FRANCS LE KILOGR.

Perdant à la Teinture.

OBSERVATION.

Dans l'achat des soies, l'escompte étant de 12 pour 100, on a ajouté seulement dans les tableaux des prix de revient 3 pour 100 au prix de la soie, et 15 pour 100 aux prix de la teinture, du dévidage et de l'ourdissage, pour compenser l'escompte fait à la vente de l'étoffe fabriquée.

DESCRIPTION

DES TABLEAUX D'ORGANSINS

SUR LES PRIX DE REVIENT.

On désire faire le prix de revient d'un organsin qu'on a acheté 104 francs le kilogramme. On cherche **au grand tableau,** dans la colonne des francs, **le nombre 100** ; on suit du regard la ligne horizontale, dans la colonne perdant 25 p. 0/0 : on trouve le prix du gramme à **15 centimes 44 millièmes.**

Pour connaître le prix de revient des **4** francs qui complètent la somme de 104 francs, on cherche **au petit tableau,** dans la colonne des francs, **le nombre 4** ; on suit également la ligne horizontale, dans la colonne perdant 25 p. 0/0 : on trouve le prix du gramme à **64 millièmes 53 dix-millièmes.**

On additionne les deux sommes, ce qui donne 16 centimes 08,53.

EXEMPLE.

On a acheté **une balle organsin** à 104 francs le kilogramme. On n'aura qu'à ajouter au prix de 100 francs le prix de 4 francs.

Prix du gramme d'un organsin cuit, perdant 25 p. 0/0.

A 100 francs le gramme revient à   15,44
. A   4 francs   —   —   64,53

A 104 francs le gramme revient à   16,08,53

Dans le grand tableau, **la gradation des francs** marche par 5 francs : 60, 65, 70 francs, etc., etc.

Dans le petit tableau, qui est au-dessous du grand tableau, **la gradation des francs** marche par 1 franc : 2, 3 et 4 francs.

DÉMONSTRATION PARTIELLE

DU

TABLEAU DES ORGANSINS

Perdant à la Teinture

REPRÉSENTÉE

Par un Organsin acheté 100 francs le kilogramme.

Revient le gramme, avec **0 p. 0/0** de perte, à 11 c. 82 m.

  —   —   — **5 p. 0/0** —   à 12   42

  —   —   — **10 p. 0/0** —   à 13   04

  —   —   — **15 p. 0/0** —   à 13   70

TABLEAU

Des Prix de revient des Organsins

PERDANT A LA TEINTURE

Depuis 0 pour 100 jusqu'à 27 pour 100.

PRIX D'ACHAT avec ESCOMPTE de 12 p. 0/0 à Trois Mois.	ORGANSIN CRU, SOUPLE CUIT sans perte — 1,000 grammes rendent 1,000 gram.		ORGANSIN CUIT, SOUPLE PERDANT 5 pour 0/0 — 1,000 grammes rendent 950 gram.		ORGANSIN CUIT, SOUPLE PERDANT 10 pour 0/0 — 1,000 grammes rendent 900 gram.		ORGANSIN CUIT, SOUPLE PERDANT 15 pour 0/0 — 1,000 grammes rendent 850 gram.	
Francs.	Centimes.	Millièmes.	Centimes.	Millièmes.	Centimes.	Millièmes.	Centimes.	Millièmes.
60	7	50	7	88	8	28	8	61
65	8	04	8	44	8	88	9	25
70	8	58	9	01	9	44	9	88
75	9	12	9	58	10	04	10	52
80	9	66	10	15	10	64	11	15
85	10	20	10	72	11	24	11	79
90	10	74	11	29	11	84	12	43
95	11	28	11	85	12	44	13	06
100	11	82	12	42	13	04	13	70
105	12	36	12	99	13	64	14	33
110	12	90	13	56	14	24	14	97
115	13	44	14	13	14	84	15	60
120	13	98	14	70	15	40	16	24
125	14	52	15	27	16	»	16	87
130	15	06	15	83	16	60	17	51
135	15	60	16	40	17	20	18	14
140	16	14	16	97	17	80	18	78
Francs.	Millièmes.	Dix-Millièm.	Millièmes.	Dix-Millièm.	Millièmes.	Dix-Millièm.	Millièmes.	Dix-Millièm.
1	12	50	13	13	13	75	14	36
2	25	»	26	26	27	51	28	72
3	37	50	39	39	41	27	43	08
4	50	»	52	53	55	03	57	45

DÉMONSTRATION PARTIELLE

DU

TABLEAU DES ORGANSINS

Perdant à la Teinture

REPRÉSENTÉE

Par un Organsin acheté 100 francs le kilogramme.

Revient le gramme, avec **20 p. 0/0** de perte, à 14 c. 58 m.

— — — **25 p. 0/0** — à 15 44

— — — **26 p. 0/0** — à 15 64

— — — **27 p. 0/0** — à 15 85

TABLEAU

Des Prix de revient des Organsins

PERDANT A LA TEINTURE

Depuis 0 pour 100 jusqu'à 27 pour 100.

PRIX D'ACHAT avec ESCOMPTE de 12 p. 0/0 à Trois Mois.	ORGANSIN CUIT PERDANT 20 pour 0/0 — 1,000 grammes rendent 800 gram.		ORGANSIN CUIT PERDANT 25 pour 0/0 — 1,000 grammes rendent 750 gram.		ORGANSIN CUIT PERDANT 26 pour 0/0 — 1,000 grammes rendent 740 gram.		ORGANSIN CUIT PERDANT 27 pour 0/0 — 1,000 grammes rendent 730 gram.	
Francs.	Centimes.	Millièmes.	Centimes.	Millièmes.	Centimes.	Millièmes.	Centimes.	Millièmes.
60	9	18	9	68	9	80	9	93
65	9	86	10	40	10	53	10	67
70	10	53	11	12	11	26	11	41
75	11	21	11	84	11	99	12	15
80	11	88	12	56	12	72	12	89
85	12	56	13	28	13	45	13	63
90	13	23	14	»	14	18	14	37
95	13	91	14	72	14	91	15	11
100	14	58	15	44	15	64	15	85
105	15	26	16	16	16	37	16	59
110	15	93	16	88	17	10	17	32
115	16	61	17	60	17	83	18	06
120	17	28	18	32	18	56	18	80
125	17	96	19	04	19	29	19	54
130	18	63	19	76	20	02	20	28
135	19	31	20	48	20	75	21	02
140	19	98	21	20	21	48	21	76
Francs.	Millièmes.	Dix-Millièm.	Millièmes.	Dix-Millièm.	Millièmes.	Dix-Millièm.	Millièmes.	Dix-Millièm.
1	15	30	16	13	16	34	16	55
2	30	61	32	26	32	68	33	10
3	45	92	48	39	49	03	49	66
4	61	23	64	53	65	37	65	21

TABLEAUX

DES

PRIX DE REVIENT DES ORGANSINS

DEPUIS 60 FRANCS JUSQU'A 140 FRANCS LE KILOGR.

Rendant à la Teinture

DÉMONSTRATION PARTIELLE

DU

TABLEAU DES ORGANSINS

Rendant à la Teinture

REPRÉSENTÉE

Par un Organsin acheté 100 francs le kilogramme.

Revient le gramme, **en rendant** **5 p. 0/0,** à 11 c. 11 m.

—   —   —   **10 p. 0/0,** à 10   66

—   —   —   **15 p. 0/0,** à 10   21

—   —   —   **20 p. 0/0,** à 9   80

TABLEAU
Des Prix de revient des Organsins
RENDANT A LA TEINTURE
Depuis 5 pour 100 jusqu'à 40 pour 100.

PRIX D'ACHAT avec ESCOMPTE de 12 p. 0/0 à Trois Mois.	ORGANSIN ENGALLÉ RENDANT 5 pour 0/0 — 1,000 grammes rendent 1,050 gram.		ORGANSIN ENGALLÉ RENDANT 10 pour 0/0 — 1,000 grammes rendent 1,100 gram.		ORGANSIN ENGALLÉ RENDANT 15 pour 0/0 — 1,000 grammes rendent 1,150 gram.		ORGANSIN ENGALLÉ RENDANT 20 pour 0/0 — 1,000 grammes rendent 1,200 gram.	
Francs.	Centimes.	Millièmes.	Centimes.	Millièmes.	Centimes.	Millièmes.	Centimes.	Millièmes.
60	7	03	6	73	6	45	6	20
65	7	54	7	22	6	92	6	65
70	8	06	7	71	7	39	7	10
75	8	57	8	20	7	86	7	55
80	9	09	8	69	8	33	8	»
85	9	60	9	18	8	80	8	45
90	10	11	9	67	9	27	8	90
95	10	63	10	17	9	74	9	35
100	11	11	10	66	10	21	9	80
105	11	66	11	15	10	68	10	25
110	12	17	11	64	11	15	10	70
115	12	69	12	13	11	62	11	15
120	13	20	12	62	12	09	11	60
125	13	71	13	11	12	56	12	05
130	14	23	13	60	13	03	12	50
135	14	84	14	09	13	50	12	95
140	15	36	14	58	13	97	13	40

Francs.	Millièmes.	Dix-Milliém.	Millièmes.	Dix-Milliém.	Millièmes.	Dix-Milliém.	Millièmes.	Dix-Milliém.
1	11	72	11	22	10	76	10	34
2	23	44	22	44	21	53	20	69
3	35	17	33	67	32	29	31	04
4	46	89	44	89	43	06	41	38

DÉMONSTRATION PARTIELLE

DU

TABLEAU DES ORGANSINS

Rendant à la Teinture

REPRÉSENTÉE

Par un Organsin acheté 100 francs le kilogramme.

Revient le gramme, **en rendant 25 p. 0/0,** à 9 c. 43 m.

—   —   —   **30 p. 0/0,** à 9   08

—   —   —   **35 p. 0/0,** à 8   76

—   —   —   **40 p. 0/0,** à 8   46

TABLEAU
Des Prix de revient des Organsins
RENDANT A LA TEINTURE
Depuis 5 pour 100 jusqu'à 40 pour 100.

PRIX D'ACHAT avec ESCOMPTE de 12 p. 0/0 à Trois Mois.	ORGANSIN ENGALLÉ RENDANT 25 pour 0/0 — 1,000 grammes rendent 1,250 gram.		ORGANSIN ENGALLÉ RENDANT 30 pour 0/0 — 1,000 grammes rendent 1,300 gram.		ORGANSIN ENGALLÉ RENDANT 35 pour 0/0 — 1,000 grammes rendent 1,350 gram.		ORGANSIN ENGALLÉ RENDANT 40 pour 0/0 — 1,000 grammes rendent 1,400 gram.	
Francs.	Centimes.	Milliémes.	Centimes.	Milliémes.	Centimes.	Milliémes.	Centimes.	Milliémes.
60	5	97	5	76	5	56	5	38
65	6	40	6	17	5	96	5	76
70	6	84	6	59	6	36	6	15
75	7	27	7	01	6	76	6	53
80	7	70	7	42	7	16	6	92
85	8	13	7	84	7	56	7	31
90	8	56	8	25	7	96	7	69
95	9	»	8	67	8	36	8	08
100	9	43	9	08	8	76	8	46
105	9	86	9	50	9	16	8	85
110	10	29	9	91	9	56	9	23
115	10	72	10	33	9	96	9	62
120	11	16	10	74	10	36	10	01
125	11	59	11	16	10	76	10	39
130	12	02	11	57	11	16	10	78
135	12	45	11	99	11	56	11	16
140	12	88	12	41	11	96	11	55
Francs.	Milliémes.	Dix-Milliém.	Milliémes.	Dix-Milliém.	Milliémes.	Dix-Milliém.	Milliémes.	Dix-Milliém.
1	9	96	9	60	9	27	8	97
2	19	92	19	21	18	55	17	94
3	29	88	28	81	27	82	26	91
4	39	84	38	42	37	10	35	88

TABLEAUX

DES

PRIX DE REVIENT DES TRAMES

DEPUIS 50 FRANCS JUSQU'A 130 FRANCS LE KILOGR.

Perdant à la Teinture.

DESCRIPTION

DES TABLEAUX DES TRAMES

SUR LES PRIX DE REVIENT.

On désire faire le prix de revient d'une trame qu'on a achetée 93 francs le kilogramme. On cherche **au grand tableau,** dans la colonne des francs, **le nombre 90** ; on suit du regard la ligne horizontale, dans la colonne perdant 25 p. 0/0 : on trouve le prix du gramme **à 13 centimes 49 millièmes.**

Pour connaître le prix de revient des 3 francs qui complètent la somme de 93 francs, on cherche **au petit tableau,** dans la colonne des francs, **le nombre 3** ; on suit également la ligne horizontale, dans la colonne perdant 25 p. 0/0 : on trouve le prix du gramme **à 46 millièmes 41 dix-millièmes.**

On additionne les deux sommes, ce qui donne 13 centimes 95 millièmes 41 dix-millièmes.

EXEMPLE.

On a acheté **une balle trame** à 93 francs le kilogramme. On n'aura qu'à ajouter au prix de 90 francs le prix de 3 francs.

Prix du gramme d'un organsin cuit, perdant 25 p. 0/0.

A 90 francs le gramme revient à	13,49
A 3 — — —	46,41
A 93 francs le gramme revient à	13,95,41

Dans le grand tableau, **la gradation des francs** marche par 5 francs : 50, 55, 60 francs, etc., etc.

Dans le petit tableau, qui est au-dessous du grand tableau, **la gradation des francs** marche par 1 franc : 2, 3 et 4 francs.

DÉMONSTRATION PARTIELLE

DU

TABLEAU DES TRAMES

Perdant à la Teinture

REPRÉSENTÉE

Par une Trame achetée 90 francs le kilogramme.

Revient le gramme, avec **0 p. 0/0 de perte**, à 10 c. 18 m.

—   —   —   **5 p. 0/0**   —   à 10   71

—   —   —   **10 p. 0/0**   —   à 11   31

—   —   —   **15 p. 0/0**   —   à 11   97

TABLEAU

Des Prix de revient des Trames

PERDANT A LA TEINTURE

Depuis 0 pour 100 jusqu'à 27 pour 100.

PRIX D'ACHAT avec ESCOMPTE de 12 p. 0/0 à Trois Mois.	TRAME CRUE, SOUPLE CUITE sans perte 1,000 grammes rendent 1,000 gram.		TRAME CUITE, SOUPLE PERDANT 5 pour 0/0 1,000 grammes rendent 950 gram.		TRAME CUITE, SOUPLE PERDANT 10 pour 0/0 1,000 grammes rendent 900 gram.		TRAME CUITE, SOUPLE PERDANT 15 pour 0/0 1,000 grammes rendent 850 gram.	
Francs.	Centimes.	Millièmes.	Centimes.	Millièmes.	Centimes.	Millièmes.	Centimes.	Millièmes.
50	5	86	6	16	6	51	6	89
55	6	40	6	73	7	11	7	52
60	6	94	7	30	7	71	8	16
65	7	48	7	87	8	31	8	80
70	8	02	8	44	8	91	9	43
75	8	56	9	01	9	51	10	07
80	9	10	9	57	10	11	10	70
85	9	64	10	14	10	71	11	34
90	10	18	10	71	11	31	11	97
95	10	72	11	28	11	91	12	61
100	11	26	11	85	12	51	13	24
105	11	80	12	42	13	11	13	88
110	12	34	12	98	13	71	14	51
115	12	88	13	55	14	31	15	15
120	13	42	14	12	14	91	15	78
125	13	96	14	69	15	51	16	42
130	14	50	15	26	16	11	17	08
Francs.	Millièmes.	Dix-Milliém.	Millièmes.	Dix-Milliém.	Millièmes.	Dix-Milliém.	Millièmes.	Dix-Milliém.
1	11	55	12	15	12	83	13	58
2	23	10	24	31	25	66	27	17
3	34	65	36	47	38	49	40	76
4	46	20	48	63	51	32	54	35

DÉMONSTRATION PARTIELLE

DU

TABLEAU DES TRAMES

Perdant à la Teinture

REPRÉSENTÉE

Par une Trame achetée 90 francs le kilogramme.

Revient le gramme, avec **20 p. 0/0** de perte, à 12 c. 72 m.

  —   —   — **25 p. 0/0**   —   à 13   49

  —   —   — **26 p. 0/0**   —   à 13   67

  —   —   — **27 p. 0/0**   —   à 13   86

TABLEAU
Des Prix de revient des Trames
PERDANT A LA TEINTURE
Depuis 0 pour 100 jusqu'à 27 pour 100.

PRIX D'ACHAT avec ESCOMPTE de 12 p. 0/0 à Trois Mois.	TRAME CUITE PERDANT 20 pour 0/0 — 1,000 grammes rendent 800 gram.		TRAME CUITE PERDANT 25 pour 0/0 — 1,000 grammes rendent 750 gram.		TRAME CUITE PERDANT 26 pour 0/0 — 1,000 grammes rendent 740 gram.		TRAME CUITE PERDANT 27 pour 0/0 — 1,000 grammes rendent 730 gram.	
Francs.	Centimes.	Millièmes.	Centimes.	Millièmes.	Centimes.	Millièmes.	Centimes.	Millièmes.
50	7	32	7	73	7	84	7	94
55	8	»	8	45	8	57	8	68
60	8	67	9	17	9	30	9	42
65	9	35	9	89	10	02	10	16
70	10	02	10	61	10	75	10	90
75	10	70	11	33	11	48	11	64
80	11	37	12	05	12	21	12	38
85	12	05	12	77	12	94	13	12
90	12	72	13	49	13	67	13	86
95	13	40	14	21	14	40	14	60
100	14	07	14	93	15	13	15	34
105	14	75	15	65	15	86	16	08
110	15	42	16	37	16	59	16	82
115	16	10	17	09	17	32	17	56
120	16	77	17	81	18	05	18	30
125	17	45	18	53	18	78	19	04
130	18	12	19	25	19	51	19	78
Francs.	Millièmes.	Dix-Millièm.	Millièmes.	Dix-Millièm.	Millièmes.	Dix-Millièm.	Millièmes.	Dix-Millièm.
1	14	65	15	47	15	68	15	89
2	29	30	30	94	31	36	31	79
3	43	95	46	41	47	04	47	68
4	58	60	61	88	62	72	63	58

TABLEAUX

DES

PRIX DE REVIENT DES TRAMES

DEPUIS **50** FRANCS JUSQU'A **130** FRANCS LE KILOGR.

Rendant à la Teinture.

DÉMONSTRATION PARTIELLE

DU

TABLEAU DES TRAMES

Rendant à la Teinture

REPRÉSENTÉE

Par une Trame achetée 90 francs le kilogramme.

Revient le gramme, **en rendant 5 p. 0/0,** à 9 c. 69 m.

—   —   —   **10 p. 0/0,** à 9   25

—   —   —   **15 p. 0/0,** à 8   85

—   —   —   **20 p. 0/0,** à 8   48

TABLEAU
Des Prix de revient des Trames
RENDANT A LA TEINTURE
Depuis 5 pour 100 jusqu'à 80 pour 100.

PRIX D'ACHAT avec ESCOMPTE de 12 p. 0/0 à Trois Mois.	TRAME ENGALLÉE RENDANT 5 pour 0/0 — 1,000 grammes rendent 1,050 gram.		TRAME ENGALLÉE RENDANT 10 pour 0/0 — 1,000 grammes rendent 1,100 gram.		TRAME ENGALLÉE RENDANT 15 pour 0/0 — 1,000 grammes rendent 1,150 gram.		TRAME ENGALLÉE RENDANT 20 pour 0/0 — 1,000 grammes rendent 1,200 gram.	
Francs.	Centimes.	Millièmes.	Centimes.	Millièmes.	Centimes.	Millièmes.	Centimes.	Millièmes.
50	5	58	5	32	5	09	4	88
55	6	09	5	81	5	56	5	33
60	6	60	6	30	6	03	5	78
65	7	12	6	79	6	50	6	23
70	7	63	7	29	6	97	6	68
75	8	15	7	78	7	44	7	13
80	8	66	8	27	7	91	7	58
85	9	18	8	76	8	38	8	03
90	9	69	9	25	8	85	8	48
95	10	20	9	74	9	32	8	93
100	10	72	10	23	9	79	9	38
105	11	23	10	72	10	26	9	83
110	11	75	11	21	10	72	10	28
115	12	16	11	70	11	19	10	73
120	12	68	12	19	11	66	11	18
125	13	19	12	69	12	13	11	63
130	13	70	13	18	12	60	12	08
Francs.	Millièmes.	Dix-Millièm.	Millièmes.	Dix-Millièm.	Millièmes.	Dix-Millièm.	Millièmes.	Dix-Millièm.
1	11	16	10	65	10	19	9	76
2	22	32	21	30	20	38	19	53
3	33	48	31	96	30	57	29	29
4	44	64	42	61	40	76	39	06

DÉMONSTRATION PARTIELLE

DU

TABLEAU DES TRAMES

Rendant à la Teinture

REPRÉSENTÉE

Par une Trame achetée 90 francs le kilogramme.

Revient le gramme, **en rendant 25 p. 0/0,** à 8 c. 14 m.

—   —   —   **30 p. 0/0,** à 7   96

—   —   —   **35 p. 0/0,** à 7   66

—   —   —   **40 p. 0/0,** à 7   39

TABLEAU

Des Prix de revient des Trames

RENDANT A LA TEINTURE

Depuis 5 pour 100 jusqu'à 80 pour 100.

PRIX D'ACHAT avec ESCOMPTE de 12 p. 0/0 à Trois Mois.	TRAME ENGALLÉE RENDANT 25 pour 0/0 — 1,000 grammes rendent 1,250 gram.		TRAME ENGALLÉE RENDANT 30 pour 0/0 — 1,000 grammes rendent 1,300 gram.		TRAME ENGALLÉE RENDANT 35 pour 0/0 — 1,000 grammes rendent 1,350 gram.		TRAME ENGALLÉE RENDANT 40 pour 0/0 — 1,000 grammes rendent 1,400 gram.	
Francs.	Centimes.	Millièmes.	Centimes.	Millièmes.	Centimes.	Millièmes.	Centimes.	Millièmes.
50	4	68	4	64	4	46	4	30
55	5	12	5	05	4	86	4	69
60	5	55	5	47	5	26	5	08
65	5	98	5	88	5	66	5	46
70	6	41	6	30	6	06	5	85
75	6	84	6	71	6	46	6	23
80	7	28	7	13	6	86	6	62
85	7	71	7	54	7	26	7	»
90	8	14	7	96	7	66	7	39
95	8	57	8	37	8	06	7	78
100	9	»	8	79	8	46	8	16
105	9	44	9	20	8	86	8	55
110	9	87	9	62	9	26	8	93
115	10	30	10	04	9	66	9	32
120	10	73	10	45	10	06	9	70
125	11	16	10	87	10	46	10	09
130	11	60	11	28	10	86	10	48

Francs.	Millièmes.	Dix-Millièm.	Millièmes.	Dix-Millièm.	Millièmes.	Dix-Millièm.	Millièmes.	Dix-Millièm.
1	9	37	9	28	8	93	8	61
2	18	72	18	56	17	87	17	23
3	28	12	27	84	26	80	25	85
4	37	50	37	12	35	74	34	46

DÉMONSTRATION PARTIELLE

DU

TABLEAU DES TRAMES

Rendant à la Teinture

REPRÉSENTÉE

Par une Trame achetée 90 francs le kilogramme.

Revient le gramme, **en rendant 45 p. 0/0,** à 7 c. 13 m.

—   —   —   **50 p. 0/0,** à 6   90

—   —   —   **55 p. 0/0,** à 6   67

—   —   —   **60 p. 0/0,** à 6   47

TABLEAU
Des Prix de revient des Trames
RENDANT A LA TEINTURE
Depuis 5 pour 100 jusqu'à 80 pour 100.

PRIX D'ACHAT avec ESCOMPTE de 12 p. 0/0 à Trois Mois.	TRAME ENGALLÉE RENDANT 45 pour 0/0 — 1,000 grammes rendent 1,450 gram.		TRAME ENGALLÉE RENDANT 50 pour 0/0 — 1,000 grammes rendent 1,500 gram.		TRAME ENGALLÉE RENDANT 55 pour 0/0 — 1,000 grammes rendent 1,550 gram.		TRAME ENGALLÉE RENDANT 60 pour 0/0 — 1,000 grammes rendent 1,600 gram.	
Francs.	Centimes.	Millièmes.	Centimes.	Millièmes.	Centimes.	Millièmes.	Centimes.	Millièmes.
50	4	16	4	02	3	89	3	77
55	4	53	4	38	4	23	4	10
60	4	90	4	74	4	58	4	44
65	5	27	5	10	4	93	4	78
70	5	64	5	46	5	28	5	12
75	6	02	5	82	5	63	5	45
80	6	39	6	18	5	98	5	79
85	6	76	6	54	6	32	6	13
90	7	13	6	90	6	67	6	47
95	7	51	7	26	7	02	6	80
100	7	88	7	62	7	37	7	14
105	8	25	7	98	7	72	7	48
110	8	62	8	34	8	07	7	82
115	9	»	8	70	8	41	8	15
120	9	37	9	06	8	76	8	49
125	9	74	9	42	9	11	8	83
130	10	11	9	78	9	46	9	17
Francs.	Millièmes.	Dix-Millièm.	Millièmes.	Dix-Millièm.	Millièmes.	Dix-Millièm.	Millièmes.	Dix-Millièm.
1	8	22	8	04	7	78	7	54
2	16	44	16	12	15	57	15	08
3	24	66	24	16	23	35	22	62
4	32	88	32	21	31	14	30	16

DÉMONSTRATION PARTIELLE

DU

TABLEAU DES TRAMES

Rendant à la Teinture

REPRÉSENTÉE.

Par une Trame achetée 90 francs le kilogramme.

———

Revient le gramme, **en rendant 65 p. 0/0,** à 6 c. 27 m.

— — — **70 p. 0/0,** à 6   08

— — — **75 p. 0/0,** à 5   91

TABLEAU
Des Prix de revient des Trames

RENDANT A LA TEINTURE

Depuis 5 pour 100 jusqu'à 80 pour 100.

PRIX D'ACHAT avec ESCOMPTE de 12 p. 0/0 à Trois Mois.	TRAME ENGALLÉE RENDANT 65 pour 0/0 — 1,000 grammes rendent 1,650 gram.		TRAME ENGALLÉE RENDANT 70 pour 0/0 — 1,000 grammes rendent 1,700 gram.		TRAME ENGALLÉE RENDANT 75 pour 0/0 — 1,000 grammes rendent 1,750 gram.		TRAME ENGALLÉE RENDANT 80 pour 0/0 — 1,000 grammes rendent 1,800 gram.	
Francs.	Centimes.	Millièmes.	Centimes.	Millièmes.	Centimes.	Millièmes.	Centimes.	Millièmes.
50	3	65	3	54	3	44	3	35
55	3	98	3	86	3	75	3	65
60	4	31	4	18	4	06	3	95
65	4	63	4	50	4	37	4	25
70	4	96	4	81	4	68	4	55
75	5	29	5	13	4	98	4	85
80	5	61	5	45	5	29	5	15
85	5	94	5	77	5	60	5	45
90	6	27	6	08	5	91	5	75
95	6	60	6	40	6	22	6	05
100	6	92	6	72	6	53	6	35
105	7	26	7	04	6	84	6	65
110	7	59	7	36	7	15	6	95
115	7	92	7	67	7	45	7	25
120	8	24	7	99	7	76	7	55
125	8	57	8	31	8	07	7	85
130	8	90	8	63	8	38	8	15

Francs.	Millièmes.	Dix-Milliém.	Millièmes.	Dix-Milliém.	Millièmes.	Dix-Milliém.	Millièmes.	Dix-Milliém.
1	7	31	7	09	6	89	6	70
2	14	62	14	19	13	78	13	40
3	21	93	21	28	20	68	20	10
4	29	24	28	38	27	57	26	80

DESCRIPTION SUR LES COULEURS FINES

COULEURS FINES ANCIENNES.

1° Ponceau fin.
2° Cramoisi fin.
3° Rose de Chine.

COULEURS FINES RÉCENTES.

4° Vert d'Azof.
5° Jaune d'or. } par **Guinon.**

COULEURS FINES NOUVELLES.

L'art de la teinture vient de faire un progrès nouveau; l'industrie en est redevable aux teinturiers **Guinon, Marnas et Bonnet,** qui ont trouvé, au mois d'avril 1857, le moyen de teindre **en couleurs fines** diverses nuances qui ne pouvaient se teindre, avant cette création, qu'en couleurs ordinaires. **Ces belles nuances** ont le même éclat, la même beauté et la même fraîcheur que la couleur naturelle ; elles sont dénommées **sous le nom générique** de *pourpres françaises.*

POURPRES FRANÇAISES

DIVISÉES EN TROIS CATÉGORIES.

PREMIÈRE CATÉGORIE. — Dérivés simples.

Couleurs Fines. . . . . . . {
Impératrice.
Mauve.
Dalhia clair.
Dalhia foncé.
Marguerite, etc., etc.

DEUXIÈME CATÉGORIE. — Dérivés bleu.

Couleurs Fines. . . . . . . {
Lilas.
Gris.
Iris.
Pensée.
Violette de Parme, etc., etc.

TROISIÈME CATÉGORIE. — Dérivés rouge.

Couleurs Fines. . . . . . . {
Rose vineux.
Fleur de pêcher.
Immortelle.
Groseille des Alpes, etc., etc.

DESCRIPTION

PRIX DE REVIENT DES COULEURS FINES

Perdant à la Teinture 27 pour 100.

Dans les prix de revient **des couleurs fines**, on n'aura qu'à ajouter aux prix des organsins et des trames cuites ou souples, teints en couleurs ordinaires, **les prix que les teintures fines ont coûté en plus,** tels que ces prix de revient or t été portés sur les tableaux ci-contre; parce que sur ces derniers on a déduit, du prix des couleurs fines, **le prix de la teinture ordinaire.**

EXEMPLE.

Organsin acheté 100 francs.

Organsin cuit, teinture ordinaire, revient le gramme à	15 85
A ajouter en plus, teinture fine à 15 francs.	1 58
Revient le gramme	17 43

Trame achetée 90 francs.

Trame cuite, teinture ordinaire, revient le gramme à	13 86
A ajouter en plus, teinture fine à 15 francs	1 58
Revient le gramme à	15 44

Nota. — Même exemple pour les organsins et les trames souples.

TABLEAUX
Des Prix de revient des Teintures fines.

ORGANSINS ET TRAMES CUITS.

Dans le prix de revient **des couleurs fines**, on a déduit dans ce tableau du prix de la teinture fine le prix de la teinture ordinaire qui a été compté dans le prix de revient des Organsins et des Trames cuits.

Prix. Francs.	REVIENT. Cent.	Millièm.	Prix. Francs.	REVIENT. Cent.	Millièm.	Prix. Francs.	REVIENT. Cent.	Millièm.
10	»	89	19	2	12	28	3	36
11	1	02	20	2	26	29	3	49
12	1	16	21	2	40	30	3	63
13	1	30	22	2	53	31	3	77
14	1	44	23	2	67	32	3	90
15	1	58	24	2	81	33	4	04
16	1	71	25	2	95	34	4	18
17	1	85	26	3	08	35	4	32
18	1	99	27	3	22	36	4	45

ORGANSINS ET TRAMES SOUPLES.

Dans le prix de revient **des couleurs fines**, on a déduit dans ce tableau du prix de la teinture fine le prix de la teinture ordinaire qui a été compté dans le prix de revient des Organsins et des Trames souples.

Prix. Francs.	REVIENT. Cent.	Millièm.	Prix. Francs.	REVIENT. Cent.	Millièm.	Prix. Francs.	REVIENT. Cent.	Millièm.
10	»	63	19	1	58	28	2	53
11	»	73	20	1	68	29	2	63
12	»	84	21	1	79	30	2	74
13	»	94	22	1	90	31	2	84
14	1	05	23	2	»	32	2	95
15	1	16	24	2	11	33	3	05
16	1	26	25	2	21	34	3	16
17	1	37	26	2	32	35	3	26
18	1	47	27	2	42	36	3	37

PRIX DE REVIENT

DES ÉTOFFES FABRIQUÉES.

DESCRIPTION SUR LES PRIX DE REVIENT.

Les tableaux et les règles qui précèdent sont d'une utilité incontestable pour établir **le prix de revient** d'une étoffe que l'on désire monter, et que l'on n'a pas encore fabriquée ; avec ces tableaux, on a la facilité de faire **ces prix** promptement et d'avoir exactement **le prix du mètre** que l'on a décidé d'atteindre. Il convient donc, sous tous les rapports, de connaître **le prix de revient** avant de mettre les soies à la teinture.

Quand **la pièce est déjà fabriquée**, la règle est beaucoup plus simple : on n'a qu'à prendre **le poids total de la pièce** et en déduire le poids de la chaîne et le poids de la trame.

Au poids total de la pièce fabriquée, **on ajoute 1/30me** pour le déchet accordé à l'ouvrier tisseur.

EXEMPLE.

Poids de la pièce fabriquée	2,100 gr.
Déchet accordé, 1/30me . . .	70
Total	2,170 gr.
Poids de la chaîne	1,000
Poids de la trame	1,170 gr.

Ainsi donc, dans la fabrication de cette pièce, **il est entré 1,000 grammes de chaîne et 1,170 grammes de trame**, y compris le déchet accordé à l'ouvrier tisseur ; **ces poids** sont ceux que l'on devra compter quand on fera **le prix de revient** de la pièce fabriquée.

RÈGLE DU PRIX DE REVIENT.

—

ORGANSIN.

Si 100 portées simples d'un 25ᵈ teint en cuit et perdant 27 p. 0/0 à la teinture, pèsent 16 grammes 24 centigrammes le mètre,

Combien pèseront 47 portées simples d'un mètre de longueur ?

Si 100 portées pèsent   16 gr. 24 c.
Combien pèseront . .   47 portées

$$
\begin{array}{r}
11368 \\
6496 \\
\hline
\end{array}
$$

70328	100
632	
328	7,63
28	

Le mètre ourdi pèse, sans embuvage, 7 gr. 63 c.
10 p. 0/0 d'embuvage   76

Poids du mètre . . . . 8 gr. 39 c.

On comptera 9 grammes.

TRAME.

Si dans 100 centimètres de largeur il est entré 7 grammes 60 centigrammes d'un 26^d **à 1 bout,** teint en cuit et perdant 27 p. 0/0 à la teinture,

Combien entrera-t-il de trame dans 46 centimètres de largeur ?

Si 100 centimètres pèsent   7 gr. 60 c.
Combien pèseront . . . .   46 centimètres.

```
        4560
        3040
     ________
        34960 | 100
          496 |
          960 | 3,49,60
          600 |
           00 |
```

Si 100 coups au pouce ont pesé   3 gr. 49 c. 60 millig.
Combien pèseront . . . . . .   140 coups au pouce.

```
      1398400
       34960
     ________
      4,89,44,00
```

A 1 bout, il entrera   4 gr. 89 c.   On multiplie ce nombre par . . . .   2 bouts.

Poids du mètre. . . . 9 gr. 78 c. On comptera 10 grammes.

PRIX DE REVIENT

D'un Gros de Naples simple en 46 centimètres.

Organsin **blanc cuit**, perdant à la teinture 27 p. 0/0, du titre de 25ᵈ, acheté **95 francs le kilogramme ou 15,11 le gramme.**

Trame **blanc cuit**, perdant à la teinture 27 p. 0/0, du titre de 26ᵈ, achetée **82 francs le kilogramme ou 12,69 le gramme.**

47 p. simples, blanc cuit, le mètre,	9 gr.	à 15,11		1	36
Trame employée à **2 bouts,** le mètre,	10	à 12,69		1	27
Réduction de 140 coups au pouce.					

Poids du mètre. . . . . 19 gr.

Façon du mètre 55 cent. avec escompte de 15 p. 0/0 à ajouter 63

Revient le mètre à. 3 26

Le gramme fabriqué revient à 17 centimes 15 millièmes.

OBSERVATION.

Les règles qui ont été données sur les prix de revient, dans la description ci-dessus, serviront pour tous les genres d'étoffes que l'on désirera fabriquer.

TABLEAU COMPARATIF

ENTRE

LE POUCE ET LE CENTIMÈTRE

POUR

Connaître dans ces deux mesures la réduction de coups qui entre dans une étoffe quelconque.

Coups au Pouce.	COUPS au Centimètre.	Coups au Pouce.	COUPS au Centimètre.	Coups au Pouce.	COUPS au Centimètre.	Coups au Pouce.	COUPS au Centimètre.
32	11	82	29	132	47	182	65
34	12	84	30	134	48	184	66
36	13	86	31	136	49	186	67
38	13 1/2	88	31 1/2	138	49 1/2	188	67 1/2
40	14	90	32	140	50	190	68
42	15	92	33	142	51	192	69
44	15 1/2	94	33 1/2	144	51 1/2	194	69 1/2
46	16	96	34	146	52	196	70
48	17	98	35	148	53	198	71
50	18	100	36	150	54	200	72
52	18 1/2	102	36 1/2	152	54 1/2	202	72 1/2
54	19	104	37	154	55	204	73
56	20	106	38	156	56	206	74
58	20 1/2	108	38 1/2	158	56 1/2	208	74 1/2
60	21	110	39	160	57	210	75
62	22	112	40	162	58	212	76
64	23	114	41	164	59	214	77
66	23 1/2	116	41 1/2	166	59 1/2	216	77 1/2
68	24	118	42	168	60	218	78
70	25	120	43	170	61	220	79
72	25 1/2	122	43 1/2	172	61 1/2	222	80
74	26	124	44	174	62	224	80 1/2
76	27	126	45	176	63	226	81
78	28	128	46	178	64	228	82
80	28 1/2	130	46 1/2	180	64 1/2	230	82 1/2

PRIX DES FAÇONS

DES

ÉTOFFES PAYÉES AU MAITRE-OUVRIER

Y COMPRIS L'ESCOMPTE DE 15 POUR 100 EN SUS

Que l'on accorde à la vente.

PRIX du MÈTRE		PRIX DU MÈTRE avec 15 p. 0/0 d'escompte en sus.			PRIX du MÈTRE		PRIX DU MÈTRE avec 15 p. 0/0 d'escompte en sus.			PRIX du MÈTRE		PRIX DU MÈTRE avec 15 p. 0/0 d'escompte en sus.		
Francs.	Cent.	Fr.	Cent.	Milli.	Francs.	Cent.	Fr.	Cent.	Milli.	Francs.	Cent.	Fr.	Cent.	Milli.
»	20	»	23	»	1	55	1	78	25	2	90	3	33	50
»	25	»	28	75	1	60	1	84	»	2	95	3	39	25
»	30	»	34	50	1	65	1	89	75	3	»	3	45	»
»	35	»	40	25	1	70	1	95	50	3	25	3	73	75
»	40	»	46	»	1	75	2	01	25	3	50	4	02	50
»	45	»	51	75	1	80	2	07	»	3	75	4	31	25
»	50	»	57	50	1	85	2	12	75	4	»	4	60	»
»	55	»	63	25	1	90	2	18	50	4	25	4	88	75
»	60	»	69	»	1	95	2	24	25	4	50	5	17	50
»	65	»	74	75	2	»	2	30	»	4	75	5	46	25
»	70	»	80	50	2	05	2	35	75	5	»	5	75	»
»	75	»	86	25	2	10	2	41	50	5	25	6	03	75
»	80	»	92	»	2	15	2	47	25	5	50	6	32	50
»	85	»	97	75	2	20	2	53	»	5	75	6	61	25
»	90	1	03	50	2	25	2	58	75	6	»	6	90	»
»	95	1	09	25	2	30	2	64	50	6	25	7	18	75
1	»	1	15	»	2	35	2	70	25	6	50	7	47	50
1	05	1	20	75	2	40	2	76	»	6	75	7	76	25
1	10	1	26	50	2	45	2	81	75	7	»	8	05	»
1	15	1	32	25	2	50	2	87	50	7	25	8	33	75
1	20	1	38	»	2	55	2	93	25	7	50	8	62	50
1	25	1	43	75	2	60	2	99	»	7	75	8	91	25
1	30	1	49	50	2	65	3	04	75	8	»	9	20	»
1	35	1	55	25	2	70	3	10	50	8	25	9	48	75
1	40	1	61	»	2	75	3	16	25	8	50	9	77	50
1	45	1	66	75	2	80	3	22	»	8	75	10	06	25
1	50	1	72	50	2	85	3	27	75	9	»	10	35	»

LIVRES

EMPLOYÉS DANS UNE MANUFACTURE

POUR LA

Fabrication des Etoffes de Soie.

OBSERVATION.

Dans ce traité complet, j'ai cru devoir donner les différents genres de livres employés dans une manufacture organisée pour la fabrication des étoffes de soie. Ce relevé, tout insignifiant qu'il puisse paraître, n'en a pas moins une importance pratique, en ce qu'il enseignera promptement aux débutants tous les détails des écritures journalières, si nécessaires à connaître pour la célérité du service des ouvriers. Ces livres, dont l'énumération seule prouvera toute l'utilité, n'ont été donnés, du reste, que parce qu'ils faisaient partie intégrante de l'ouvrage.

LIVRE DES BALLES DE GRÈGE.

1

Le 10 Octobre 1855.

1

Balle de grège jaune du Vigan,
Du titre de 12 à 13 deniers;

Filée à 4 et 5 cocons;

Achetée de **M. Guizard et C**ᵉ, à . . . . . **68 fr.**
Avec escompte de 12 p. 0/0 à trois mois.

Envoyée à **Beydon aîné**, moulinier,
Pour être montée **en trame 2 bouts.**

Poids de la balle avant la condition.	51 k. »
Perte de la condition.	» 70
Poids après la condition	50 k. 30
Du 5 Novembre, rendue en trame 2 bouts	49 k. 17

Pour être employée en taffetas.

Le 10 Octobre 1855.

3

Balle de grège jaune du Vigan,
Du titre de 12 à 13 deniers;

Filée à 4 et 5 cocons;

Achetée de **M. Guizard et C**ᵉ, à . . . . . **68 fr.**
Avec escompte de 12 p. 0/0 à trois mois.

Envoyée à **Beydon aîné**, moulinier,
Pour être montée **en trame 2 bouts.**

Poids de la balle avant la condition	202 k. 62
Perte de la condition.	4 56
Poids après la condition.	198 06
Liens à déduire (1).	» 66
	197 k. 40
Du 15 Novembre, rendue en trame 2 bouts.	191 k. 25

Pour être employée en taffetas.

TRAMES MISES A LA TEINTURE.

Du 16 Décembre, facture **de Paret** . . . . **6 k. 250**

Du 18 Décembre, facture **de Paret** . . . . **37 k. 500**

43 k. 750

Il reste en magasin. . . . . 5 k. 420

Nota. — Il convient, pour éviter les erreurs, d'avoir DEUX LIVRES DE BALLOTS :
Un LIVRE pour les grèges montées en trames;
Un AUTRE LIVRE pour les organsins.
Le livre des trames portera POUR NUMÉROS LES NOMBRES IMPAIRS, 1, 3, 5, etc., comme le présent modèle.
Le livre des organsins portera POUR NUMÉROS LES NOMBRES PAIRS, 2, 4, 6, etc., comme il est représenté dans le livre des balles d'organsin.

TRAMES MISES A LA TEINTURE.

Du 17 Décembre, facture **de Vindry** . . . . **18 k. 750**

Du 20 Décembre, facture **de Paret** . . . . **62 k. 500**

81 k. 250

(1) Quand les liens de la grège sont très gros, il est accordé au moulinier 1 p. 0/0 ; mais quand ils sont petits ou de grosseur ordinaire, on ne fait aucune déduction.

LIVRE DES BALLES D'ORGANSIN.

1

Le 10 Décembre 1855.

2

Balle d'organsin, 2 bouts, de pays,
Du titre de 25/26 deniers ;

Achetée de **veuve Guérin et fils,** à. . . . . **90 fr.**
Avec escompte de 12 p. 0/0 à trois mois.

Filature et ouvraison **de Baumier.**

Poids de la balle avant la condition.	97 k.	10
Perte de la condition.	5	22
Poids après la condition	91 k.	88

Pour taffetas glacés.

Le 10 Décembre 1855.

4

Balle d'organsin, 2 bouts, de pays,
Du titre de 25/26 deniers ; -

Achetée de **veuve Guérin et fils,** à. . . . . **90 fr.**
Avec escompte de 12 p. 0/0 à trois mois.

Filature et ouvraison **de Baumier.**

Poids de la balle avant la condition	95 k.	40
Perte de la condition	4	»
Poids après la condition	91 k.	40

Pour poults de soie moirés.

ORGANSINS MIS A LA TEINTURE.

Du 15 Décembre, facture **de Vindry**. . . . .   **25 k. 800**

Du 16 Décembre, facture **de Paret**. . . . .   **6 k. 450**

Du 18 Décembre, facture **de Paret**. . . . .   **58 k. 050**

                                            90 k. 300

Il reste en magasin. . . . .   1 k. 580

Nota. — Les organsins ne porteront pour numéros que les nombres pairs 2, 4, 6, etc., comme il a été dit dans le livre des grèges, et dans l'ordre du modèle ci-contre.

ORGANSINS MIS A LA TEINTURE.

Du 20 Décembre, facture **de Paret** . . . .   **38 k. 700**

LIVRE

De M. BEYDON aîné, Moulinier.

Lyon, le 10 Octobre 1855.

M. Beydon aîné, aux Broteaux,   *DOIT*
A François VALANSOT aîné, de Lyon,

Une balle grège de pays, du Vigan,
Du titre de 12 à 13 deniers;

Achetée de **M. Guizard et C**e, à. . . . . **68 fr.**
Avec escompte de 12 p. 0/0 à trois mois;

Pour être montée **en trame 2 bouts**;   **Soie en Grège.**
D'accord à 7 fr. 50 c. grande façon;
Déchet remboursable à **60 fr. le kil.**
Comptant sans escompte.

Poids avant la condition.	Perte de la condition.	Poids après la condition.
51 »	»	70 50 30

Lyon, le 10 Octobre 1855.

M. Beydon aîné, aux Broteaux,   *DOIT*
A François VALANSOT aîné, de Lyon;

Une balle de grège de pays, du Vigan,
Du titre de 12 à 13 deniers;

Achetée de **M. Guizard et C**e, à. . . . **68 fr.**
Avec escompte de 12 p. 0/0 à trois mois;

Pour être montée **en trame 2 bouts**;   **Soie en Grège.**
D'accord à 7 fr. 50 c. grande façon;
Déchet remboursable à **60 fr. le kil.**
Comptant sans escompte.

Poids avant la condition.	Perte de la condition.	Poids après la condition.
202 62	»	456 198 06

Liens à déduire. 66

197 40

Compte de M. BEYDON aîné.   *AVOIR.*

Montée en Trame.

	Poids avant la condition.	Perte de la condition.	Poids après la condition.
Du 5 Novembre, rendue en trame 2 bouts,	50 15	» 98	49 17
Déchet pour balance porté au compte d'argent.			1 13
			50 30

Compte de M. BEYDON aîné.   *AVOIR:*

Montée en Trame.

	Poids avant la condition.	Perte de la condition.	Poids après la condition.
Du 15 Novembre, rendue en trame 2 bouts,	196 96	» 571	191 25
Déchet pour balance porté au compte d'argent.			6 15
			197 40

Compte d'argent de M. BEYDON aîné.   *DOIT.*

Déchet de la balle nº 1. . . . 1 k. 13 gr. à 60 fr.   67 fr. 80 c.

Déchet de la balle nº 3. . . . 6 k. 15 gr. à 60 fr.   369 fr. » c.

Du 20 Novembre, compté pour solde. . . . . 1,366 fr. 30 c.

                                                           1,803 fr. 10 c.

Compte de façons de M. BEYDON aîné.   *AVOIR.*

Ouvraison de la balle n° 1,	49 k. 17 gr.	à 7 fr. 50 c.	368 fr. 75 c.
Ouvraison de la balle n° 3,	191 k. 25 gr.	à 7 fr. 50 c.	1,434 fr. 35 c.
			1,803 fr. 10 c.

LIVRE DE LA METTEUSE EN MAINS.

Compte d'argent de Mlle **VAGRÉ.** *DOIT.*

Du 30 Novembre, compté pour solde . . . . 92 fr. 40 c.

Compte de façons de M^ile **VAGRÉ.**   *AVOIR.*

Mettage en mains de la trame, 381 k. 820 gr.   à   12 fr.   45 fr. 80 c.
Mettage en mains de l'organsin, 388 k. 480 gr.   à   12 fr.   46 fr. 60 c.

92 fr. 40 c.

François VALANSOT aîné, de Lyon,   *DOIT*
A Marie VAGRÉ, metteuse en mains.

	Trames.	Organsins.
22 Octobre, trame 2 bouts, n° 1 . . .	49 k. 170 gr.	
15 Novembre, trame 2 bouts, n° 3. .	191 k. 400 gr.	
10 Décembre, organsin de pays, n° 2.		91 k. 880 gr.
15 Décembre, organsin de pays, n° 4.		91 k. 400 gr.
16 Décembre, organsin de pays, n° 6.		100 k. 700 gr.
20 Décembre, organsin de pays, n° 8.		104 k. 500 gr.
21 Décembre, trame 2 bouts, n° 5. .	81 k. 450 gr.	
23 Décembre, trame 2 bouts, n° 7. .	59 k. 800 gr.	
Porté au compte d'argent . . .	381 k. 820 gr.	388 k. 480 gr.

LIVRE DE LA DÉVIDEUSE.

Mademoiselle **BERGER**, dévideuse,   *DOIT*

A François VALANSOT aîné, de Lyon.

	Du 25 Août 1855.	POIDS SÉPARÉS.	POIDS RÉUNIS.
40/1/24	2 1/2 organsin blanc mat,	280 gr.	
	sur 40 roquets.	590 gr.	870 gr.
40/1/24	1 » organsin pensée,	110 gr.	
	sur 40 roquets.	590 gr.	700 gr.
40/1/24	20 » organsin napoléon,	2,510 gr.	
	sur 180 roquets.	2,660 gr.	5,170 gr.
	Du 10 Septembre 1855.		
42/1/26	8 1/4 organsin émeraude,	1,000 gr.	
	sur 80 roquets.	1,180 gr.	2,180 gr.
42/1/26	8 1/4 organsin paille,	1,000 gr.	
	sur 80 roquets.	1,185 gr.	2,185 gr.
42/1/26	8 » organsin maïs,	995 gr.	
	sur 80 roquets.	1,175 gr.	2,170 gr.
40/1/24	16 1/2 organsin cramoisi fin,	2,010 gr.	
	sur 160 roquets.	2,365 gr.	4,375 gr.

COMPTE DE L'ORGANSIN CUIT.

		POIDS BRUT.	DÉCHET.	POIDS NET.
30 Août.	40 roquets.	870 gr.		280 gr.
30 Août.	40 roquets.	700 gr.		110 gr.
30 Août.	180 roquets.	5,150 gr.	20 gr.	2,490 gr.
15 Septembre.	80 roquets.	2,170 gr.	10 gr.	990 gr.
15 Septembre.	80 roquets.	2,180 gr.	5 gr.	995 gr.
15 Septembre.	80 roquets.	2,165 gr.	5 gr.	990 gr.
15 Septembre.	160 roquets.	4,365 gr.	10 gr.	2,000 gr.

Porté au compte d'argent. . . . . 7,855 gr.

1855.   **Compte d'argent de M^{ne} BERGER.**   *DOIT.*

Du 1er Octobre, compté pour solde 23 fr. 55 c. . . . ci   **23 fr. 55 c.**

Compte de façons de Mlle BERGER.   AVOIR.

Organsin cuit **7,855 gr.** à **3 fr.** le kilogr. . . . . . . **23 fr. 65 c.**

LIVRE

DU

MAITRE-OUVRIER TISSEUR.

<table>
<tr><td></td><td></td></tr>
</table>

1re page du livre.

LIVRE DU MAGASIN.

2,000

Le 15 Septembre 1855,

M. Dolbeau doit à François Valansot aîné, de Lyon,

Une chaîne organsin napoléon, sur chev.
Pour taffetas, largeur : 60 centimètres.

40/1/24.
41/2/26.

40 portées doubles, 55 mètres, 2 roq. . . . 1,700 gr.
Trame cuite, 4 bouts émeraude . . . . . . 1,550 gr.

3,250 gr.

Avance de soie portée au compte d'arg^t. 40 gr.

3,290 gr.

1re page du livre.

LIVRE DU MAITRE-OUVRIER.

Le 15 Septembre 1855,

M. Dolbeau doit à François Valansot aîné, de Lyon,

Une chaîne organsin napoléon, sur chev.

40 portées doubles, 55 mètres, 2 roq. . . . 1,700 gr.
Trame cuite, 4 bouts émeraude. . . . . 1,550 gr.

3,250 gr.

Avance de soie portée au compte d'arg^t. 40 gr.

3,290 gr.

<table>
<tr><td>

Chev. 300.

Org. 27 gr.
le mètre.

Trame 30 gr.
le mètre.

Réduction
100 coups au
pouce.

</td><td>

AVOIR.

	Cheville.	300 gr.
1855	1 échantillon . . .	5 gr.
Du 1ᵉʳ Octobre, **50 mètres**.		2,850 gr.
	Déchet.	90 gr.
	Tirelle.	15 gr.
	2 roquets	30 gr.
		3,290 gr.

Nota. — On inscrit SUR LE LIVRE DU MAGASIN tout ce qui est inscrit sur la disposition de l'ourdissage.

</td></tr>
</table>

<table>
<tr><td>

Chev. 300.

100 coups
au pouce.

</td><td>

AVOIR.

	Cheville.	300 gr.
1855	1 échantillon . . .	5 gr.
Du 1ᵉʳ Octobre, **50 mètres**.		2,850 gr.
	Déchet.	90 gr.
	Tirelle.	15 gr.
	2 roquets	30 gr.
		3,290 gr.

Nota. — On n'inscrit SUR LE LIVRE DU MAÎTRE-OUVRIER que ce qu'il est nécessaire qu'il sache ; de là la différence entre les deux livres.

</td></tr>
</table>

2ᵉ page du livre.

LIVRE DU MAGASIN.

1855.	**Compte d'argent de Dolbeau.**	**DOIT.**
Du 1ᵉʳ Octobre.	Compté pour solde **trente-sept francs. . .**	**37 fr.**

2ᵉ page du livre.

LIVRE DU MAITRE-OUVRIER.

1855.	**Compte d'argent de Dolbeau.**	**DOIT.**
Du 1ᵉʳ Octobre.	Compté pour solde **trente-sept francs. . .**	**37 fr.**

1855.	Compte de façons de Dolbeau.	AVOIR.
Du 1er Octobre.	1 pièce de 50 mètres à 70 centimes.	35 fr.
	Avance de soie, 40 gram. à 5 centimes. . . .	2 fr.
		37 fr.

1855.	Compte de façons de Dolbeau.	AVOIR.
Du 1er Octobre.	1 pièce de 50 mètres à 70 centimes.	35 fr.
	Avance de soie, 40 gram. à 5 centimes	2 fr.
		37 fr.

Dernière page du livre. **LIVRE DU MAGASIN.**

1855.			**Compte d'ustensiles.**	**DOIT.**
15 Septembre.	**100**		1 peigne de 1,067 dents en 60 centimètres, 17 dents 7 dixièmes au centimètre.	
	1		50 feuilles de papier neuf.	

Dernière page du livre. **LIVRE DU MAITRE-OUVRIER.**

1855.			**Compte d'ustensiles.**	**DOIT.**
15 Septembre.	**100**		1 peigne de 1,067 dents en 60 centimètres, 17 dents 7 dixièmes au centimètre.	
	1		50 feuilles de papier neuf.	

NOTA. — 100 représente le numéro d'ordre du peigne ; 1 représente le numéro d'ordre des feuilles.

PREMIÈRE FACTURE DE VINDRY, LE 10 SEPTEMBRE 1855.

								En 55 portées de 55 métres.
40/1/24	200		Organsin	cuit	noir minéral	1 8	25,800	Pour 20 pièces taffetas double, larg' 60 c., tramées 4 bouts cuit; poids net 38 gram.
41/2/26	127	1/2	Trame	cuite	noir minéral	8 12	18,750	Pour 15 pièces taffetas tramé 4 bouts cuit.
							44,550	FRN

PREMIÈRE FACTURE DE VINDRY.

									RENDANT
20	Septembre	200		Organsin	noir minéral	cuit	1 8	25,900	3 3/4
Id.	id.	127	1/2	Trame	noir minéral	cuite	8 12	19,000	13 pour 100
								44,900	7 3/4

PREMIÈRE FACTURE DE PARET, LE 10 SEPTEMBRE 1855.

								En 55 portées de 55 métres.
40/2/24	50	1/4	Organsin	cuit	blanc vif	9	6,450	Pour 5 pièces taffetas double, larg' 60 c, tramées 4 bouts cuit; poids net 38 gram.
Id.	100	1/2	Id.	id.	rose vif	2	12,900	Pour 10 pièces id. id.
Id.	100	3/4	Id.	id.	ciel vif	3	12,900	Pour 10 pièces id. id.
Id.	100		Id.	id.	paille vif	4	12,900	Pour 10 pièces id. id.
Id.	100	1/2	Id.	id.	maïs vif	5	12,900	Pour 10 pièces id. id.
42/2/24	100		Id.	id.	lilas vif	6	12,900	Pour 10 pièces id. id.
Id.	100	3/4	Id.	id.	mode vif	7	12,900	Pour 10 pièces id. id.
Id.	50		Id.	id.	émeraude	12	6,450	Pour 5 pièces id. id.
Id.	50		Id.	id.	pensée	10	6,450	Pour 5 pièces id. id.
Id.	50		Id.	id.	napoléon	11	6,450	Pour 5 pièces id. id.
							103,200	FRN

PREMIÈRE FACTURE DE PARET.

									PERDANT
10	Septembre	50	1/4	Organsin	blanc vif	cuit	9	4,840	25 pour 100
Id.	id.	100	1/2	id.	rose vif	id.	2	9,680	id.
Id.	id.	100	3/4	id.	ciel vif	id.	3	9,690	id.
Id.	id.	100		id.	paille vif	id.	4	9,700	id.
Id.	id.	100	1/2	id.	maïs vif	id.	5	9,680	id.
Id.	id.	100		id.	lilas vif	id.	6	9,080	id.
Id.	id.	100	3/4	id.	mode vif	id.	7	9,600	id.
Id.	id.	50		id.	émeraude	id.	12	4,860	id.
Id.	id.	50		id.	pensée	id.	10	4,840	id.
Id.	id.	50		id.	napoléon	id.	11	4,870	id.
								77,520	id.

Tableau A.

		Compte d'ustensiles. **AVOIR.**
1er Octobre.	**100** **1**	**1 peigne** rendu. **50 feuilles** de papier rendues.

		Compte d'ustensiles. **AVOIR.**
1er Octobre.	**100** **1**	**1 peigne** rendu. **50 feuilles** de papier rendues.

Nota. — Chaque manufacturier a sa manière
particulière de tenir ses livres; il n'y a que celui
des ouvriers tisseurs qui est tenu, à peu de choses
près, comme le modèle que j'ai donné.

LIVRE DE NUMÉROS.

Le 5 Décembre 1855.

4001	**Taffetas double, 65** Charrin 42	blanc vif 20	tramé pur	**cuit** 55 PLIS 45 100	2,310 75
4002	**Taffetas double, 65** Dolbeau 42	maïs 20	tramé pur	**cuit** 54 PLIS 45	2,320 75
4003	**Taffetas double, 65** Burel 42	gris vif 20	tramé pur	**cuit** 55 PLIS 45 100	2,315 75
4004	**Taffetas simple, 58** Gervais 30	gris minéral 12	tramé pur	**cuit** 55 PLIS 45 100	1,650 55
4005	**Taffetas simple, 58** Dongé 32	myrthe 1 13	tramé pur	**cuit** 54 PLIS 45	1,725 55
4006	**Gros de Naples, 44** Morlet 19	gris perle 9	t^{mé} blanc mat	**cuit** 55 PLIS 45 100	1,045 35
4007	**Gros de Naples, 44** Sarobert 19	lilas 9	t^{mé} blanc mat	**cuit** 55 PLIS 45 100	1,050 35
4008	**Taffetas double, 65** Bernand 44	napoléon 21	tramé pur	**cuit** 55 PLIS 45 100	2,420 80
4009	**Taffetas double, 65** Arlot 42	rose vif 20	t^{mé} blanc mat	**cuit** 54 PLIS 45	2,325 75
4010	**Taffetas simple, 58** Pugeot 32	napoléon 13	tramé pur	**cuit** 55 PLIS 45 100	1,760 55

4 portées 4 bouts	**FRN**	Livré à **Fournier et Brun**, le 10 Décembre.
4 portées 4 bouts	**FRN**	Livré à **Fournier et Brun**, le 10 Décembre.
4 portées 4 bouts	**FRN**	Livré à **Fournier et Brun**, le 10 Décembre.
8 portées 3 bouts	**BRL**	Livré à **Brolemann et Ce**, le 15 Décembre.
8 portées 3 bouts	**BRL**	Livré à **Brolemann et Ce**, le 15 Décembre.
4 portées 2 bouts		**Inventaire** du 31 Décembre.
4 portées 2 bouts		**Inventaire** du 31 Décembre.
4 portées 4 bouts	**FRN**	Livré à **Fournier et Brun**, le 10 Décembre.
4 portées 4 bouts	**FRN**	Livré à **Fournier et Brun**, le 10 Décembre.
8 portées 3 bouts	**BRL**	Livré à **Brolemann et Ce**, le 15 Décembre.

DESCRIPTION DU LIVRE DE NUMÉROS.

4001 représente le numéro **d'ordre**.

Charrin — le nom **de l'ouvrier**.

42 — le poids **du mètre fabriqué**.

20 — le poids **du mètre de la chaîne**.

F R N — la contre-marque.

2,310 — le poids **de la pièce**.

75 — le déchet donné à **l'ouvrier**.

64 — le nombre **de portées**.

4 — le nombre **de bouts de trame**.

55 — le nombre **de mètres**.

45   100 — le nombre **de plis à 120 centimètres**.

LIVRE DE TEINTURE.

LIVRE DE L'OURDISSAGE.

NUMÉROS D'ORDRE.	BALLES, TITRES, Poids écrus.	NOMBRE DE MAINS.		ORGANSINS.	NUMÉROS.	QUALITÉ.	POIDS après Teinture.	POIDS après Dévidage.	ORGANSINS à l'ourdissage.	TRAMES.	NUMÉROS.	PORTÉES.	FILS.	CHAINE.	LETTRES.	MÈTRES.	POIDS avec la CHEVILLE.	Poids de la CHEVILLE.	POIDS NET.	POIDS au MÈTRE.	NOMS des OUVRIERS.
								Report.	25,850										Report. 25,850		
2002	40/2/24	50	1/4	Organsin blanc vif.	9	Cuit.	4,840	4,830		Blanc vif.	9	55 portées.		double.	A	110	2,280	340	1,940	19 2/5	Gervais.
	poids : 6,450	»		id. id.	»	id.				Id.	»	55 portées.		id.	B	110	2,300	360	1,940	19 2/5	Charrin.
	Id.	»		id. id.	»	id.				Id.	»	55 portées.		id.	C	55	1,325	355	970	19 2/5	Dolbeau.
2003	40/2/24	100	1/2	Organsin rose vif.	2	Cuit.	9,680	9,660		Blanc mat.	2	55 portées.		double.	A	110	2,275	335	1,940	19 2/5	Roux.
	Poids : 12,900	»		id. id.	»	id.				Id.	»	55 portées.		id.	B	110	2,283	345	1,940	19.2/5	Morlet.
	Id.	»		id. id.	»	id.				Id.	»	55 portées.		id.	C	110	2,285	350	1,935	19 2/5	Daillon.
	Id.	»		id. id.	»	id.				Id.	»	55 portées.		id.	D	110	2,305	360	1,945	19 2/5	Dubost.
	Id.	»		id. · id.	»	id.				Id.	»	55 portées.		id.	E	110	2,295	355	1,940	19 2/5	Lauby dem.lle
2004	40/2/24	100	3/4	Organsin ciel vif.	3	Cuit.	9,690	9,680		Blanc mat.	3	55 portées.		double.	A	110	2,280	340	1,940	19 2/5	Burel.
	Poids : 12,910	»		id. id.	»	id.				Id.	»	55 portées.		id.	B	110	2,290	360	1,930	19 2/5	Gaudin.
	Id.	»		id. id.	»	id.				Id.	»	55 portées.		id.	C	110	3,300	350	1,950	19 2/5	Wittersheim.
	Id.	»		id. id.	»	id.				Id.	»	55 portées.		id.	D	110	2,285	345	1,940	19 2/5	Dongé.
	Id.	»		id. id.	»	id.				Id.	»	55 portées.		id.	E	110	2,295	355	1,940	19 2/5	Léonard.
2005	40/2/24	100		Organsin paille vif.	4	Cuit.	9,700	9,700		Blanc mat.	4	55 portées.		double.	A	110	2,295	360	1,933	19 2/5	Cajard dem.lle
	Poids : 12,920	»		id. id.	»	id.		88,870	88,870	Id.	»	55 portées.		id.	B	110	2,280	340	1,940	19 2/5	Picardat.
	Id.	»		id. id.	»	id.			59,720	Id.	»	55 portées.		id.	C	110	2,275	330	1,945	19 2/5	Raine.
																			55,920		

Paret, le 10 Septembre

P.r 31 pièces taffetas double, 60 c., de 55 portées doubles, mètres 55, tramées 4 b.is c.s; poids net 38 gr. **FRN**

Tableau 8.

GRAND-LIVRE

DES

PIÈCES A FABRIQUER.

DESCRIPTION DU LIVRE.

Sur la première page, à gauche, on inscrira **les pièces** qu'on doit faire fabriquer, dans l'ordre indiqué dans le tracé.

Sur la deuxième page, à droite, on inscrira la manipulation de la teinture, de l'ourdissage, du tissage, etc., etc.; enfin, jusqu'à la date de la livrée des pièces.

Ce Grand-Livre des pièces à fabriquer a la même importance que le **Livre de la caisse.**

AUNES.	MÈTRES.	GENRES.	LARGEURS.	COULEURS DES — ORGANSINS.	Lustre.	TRAMES — Cuites.	TRAMES — Souples.	POIDS de Chaîne.	POIDS de Trame.	POIDS TOTAL.	PATRONS.	TEINTURE Organsins.	TEINTURE Trames.	OURDISSAGE — NUMÉROS de la Pièces.	OURDISSAGE — NOMBRE des Portées.	NOMS des OUVRIERS.	DATES Du Mois.	NUMÉROS D'ENTRÉE.	DATES de la LIVRÉE DES PIÈCES.

Commis par MM. FOURNIER et BRUN de Lyon, pour être livré le 30 Mars 1856.

AUNES.	MÈTRES.	GENRES.	LARGEURS.	ORGANSINS.	Lustre.	Cuites.	Souples.	Chaîne.	Trame.	TOTAL.	PATRONS.	Organsins.	Trames.	Nº des Pièces.	Nombre des Portées.	NOMS des OUVRIERS.	DATES Du Mois.	Nº D'ENTRÉE.	DATES de la LIVRÉE DES PIÈCES.
50	Taffetas.	60 c/	Noir.	1		Pensée.		23 1/2	19	42 1/2		Vindry, 1.	Paret, 2.	2001/A	55 portées.	Montet.	12 Janvier.	4031	15 Mars.
50	Id.	id.	id.	"		id.		23 1/2	19	42 1/2		Id.	id.	id.	55 portées.	Montet.	id.	4202	30 Mars.
50	Id.	id.	id.	"		id.		23 1/2	19	42 1/2		Id.	id.	2001/B	55 portées.	Ducros,	id.	4032	15 Mars.
50	Id.	id.	id.	"		id.		23 1/2	19	42 1/2		Id.	id.	id.	55 portées.	Ducros,	id.	4204	30 Mars.
50	Id.	id.	id.	"		id.		23 1/2	19	42 1/2		Id.	id.	2001/C	55 portées.	Joubert.	13 Janvier.	4034	15 Mars.
50	Id.	id.	id.	"		id.		23 1/2	19	42 1/2		Id.	id.	id.	55 portées.	Joubert.	id.	4205	30 Mars.
50	Id.	id.	id.	"		id.		23 1/2	19	42 1/2		Id.	id.	2001/D	55 portées.	Bernand.	id.	4035	15 Mars.
50	Id.	id.	id.	"		id.		23 1/2	19	42 1/2		Id.	id.	id.	55 portées.	Bernand.	id.	4206	30 Mars.
50	Id.	id.	id.	"		id.		23 1/2	19	42 1/2		Id.	id.	2001/E	55 portées.	Vors.	id.	4036	15 Mars.
50	Id.	id.	id.	"		id.		23 1/2	19	42 1/2		Id.	id.	id.	55 portées.	Vors.	id.	4207	30 Mars.
50	Taffetas.	60 c/	Rose vif.	2		Blanc mat.		19	19	38		Paret, 1.	Paret, 2.	2003/A	55 portées.	Dolbeau.	14 Janvier.	4033	15 Mars.
50	Id.	id.	id.	"		id.		19	19	38		Id.	id.	id.	55 portées.	Dolbeau.	id.	4208	30 Mars.
50	Id.	id.	id.	"		id.		19	19	38		Id.	id.	2003/B	55 portées.	Morlet.	id.	4037	15 Mars.
50	Id.	id.	id.	"		id.		19	19	38		Id.	id.	id.	55 portées.	Morlet.	id.	4209	30 Mars.
50	Id.	id.	id.	"		id.		19	19	38		Id.	id.	2003/C	55 portées.	Daillon.	id.	4038	15 Mars.
50	Id.	id.	id.	"		id.		19	19	38		Id.	id.	id.	55 portées.	Daillon.	id.	4210	30 Mars.
50	Id.	id.	id.	"		id.		19	19	38		Id.	id.	2003/D	55 portées.	Dubost.	id.	4039	15 Mars.
50	Id.	id.	id.	"		id.		19	19	38		Id.	id.	id.	55 portées.	Dubost.	id.	4211	30 Mars.

18 pièces.

J'ai fait ce tracé en 1835 ; il fut imprimé en 1851 pour la maison Bonnand et Sauvage.

Tableau C.

LIVRE DE L'INVENTAIRE.

RÉCAPITULATION.

Organsins **pérdant** 25 p. 0/0,	16,630 grammes	à	103 fr.	»	net sans escompte					1,712 fr.	90 c.
Id. **id.** 15 p. 0/0,	11,200 grammes	à	91	50	id.					1,024	80
Id. **id.** 0 p. 0/0,	3,970 grammes	à	79	50	id.					315	60
Trames **perdant** 25 p. 0/0,	16,440 grammes	à	89	50	id.					1,471	35
Id. **id.** 15 p. 0/0,	8,300 grammes	à	79	75	id.					661	90
Id. **id.** 0 p. 0/0,	4,250 grammes	à	67	75	id.					287	90
Trames **rendant** 15 p. 0/0,	3,600 grammes	à	59	»	id.					212	40
Id. **id.** 50 p. 0/0,	4,000 grammes	à	46	»	id.					184	»
										5,870 fr. 85 c.	
Coton pour mémoire » »											
Laine pour mémoire » »											
Argent dû **aux ouvriers** » » » 985											
Argent dû **par les ouvriers** » » » 63											
Mauvaises créances dues **par les ouvriers** » » » 17											
31 **remisses soie**, de divers comptes » » » » à 25 fr.										775 fr.	
28 **peignes acier**, de diverses réductions » » » » à 5										140	
2,500 **feuilles de papier** » » » » » » à » 5 c.										125	
										1,040 fr.	

INVENTAIRE DES MATIÈRES SUR LES MÉTIERS

De l'Argent dû aux Ouvriers et par les Ouvriers, des mauvaises Créances, et le relevé des Ustensiles prêtés.

NUMÉROS.	OUVRIERS.	MÉTIERS.	ORGANSINS PERDANT 25 p. 0/0	15 p. 0/0	0 p. 0/0	TRAMES PERDANT 25 p. 0/0	15 p. 0/0	0 p. 0/0	TRAMES RENDANT 15 p. 0/0	50 p. 0/0	COTON.	LAINE.	ARGENT DU aux Ouvriers.	ARGENT DU par les Ouvriers.	Mauvaises Créances.	REMISSES.	PEIGNES.	PAPIERS.
1	Charrin.	1	1,800	»	»	1,700	»	»	»	»	»	»	120	»	»	1	1	100
2	Dolbeau.	3	5,490	»	»	6,000	»	»	»	»	»	»	180	»	»	3	3	300
3	Sarobert.	1	950	»	»	990	»	»	»	»	»	»	40	»	»	1	1	100
4	Bugnet.	1	»	1,200	»	»	1,500	»	»	»	»	»	75	»	»	3	2	150
5	Pugeot.	2	»	1,400	»	»	1,800	»	»	»	»	»	55	»	»	2	3	200
6	Berthet.	1	»	»	1,000	»	»	1,000	»	»	»	»	25	»	»	2	1	50
7	Furby.	3	1,000	1,200	990	1,200	1,400	900	»	»	»	»	60	»	»	3	4	300
8	Bernand.	1	»	1,600	»	»	»	»	1,200	»	»	»	35	»	»	1	1	50
9	Arlot.	4	2,350	3,400	»	2,700	3,800	»	»	»	»	»	250	»	»	6	5	400
10	Vagenet.	1	1,150	»	»	1,350	»	»	»	»	»	»	25	»	»	1	1	50
11	Bonnaire.	1	980	»	»	1,100	»	»	»	»	»	»	»	15	»	1	1	50
12	Guichard.	»	»	»	»	»	»	»	»	»	»	»	»	25	»	»	»	»
13	Beluze.	1	1,800	»	»	»	»	»	2,400	»	»	»	40	»	»	2	1	100
14	Jacquin.	»	»	»	»	»	»	»	»	»	»	»	»	»	17	»	»	»
15	Combe.	1	1,200	»	»	1,400	»	»	»	»	»	»	»	10	»	2	1	900
16	Ducrus.	4	»	2,400	»	»	»	»	»	4,000	»	»	80	»	»	1	1	250
17	Boyet.	1	»	»	1,980	»	»	2,350	»	»	»	»	»	13	»	2	2	200
		23	16,630	11,200	3,970	16,440	8,390	4,250	3,600	4,000			985	63	17	31	28	2,500

Tableau D.

TABLE DES MATIÈRES.

FIN DE LA TABLE.